OBSERVATIONS

PHYSIOLOGIQUES ET PSYCOLOGIQUES

SUR L'HOMME.

TOME II.

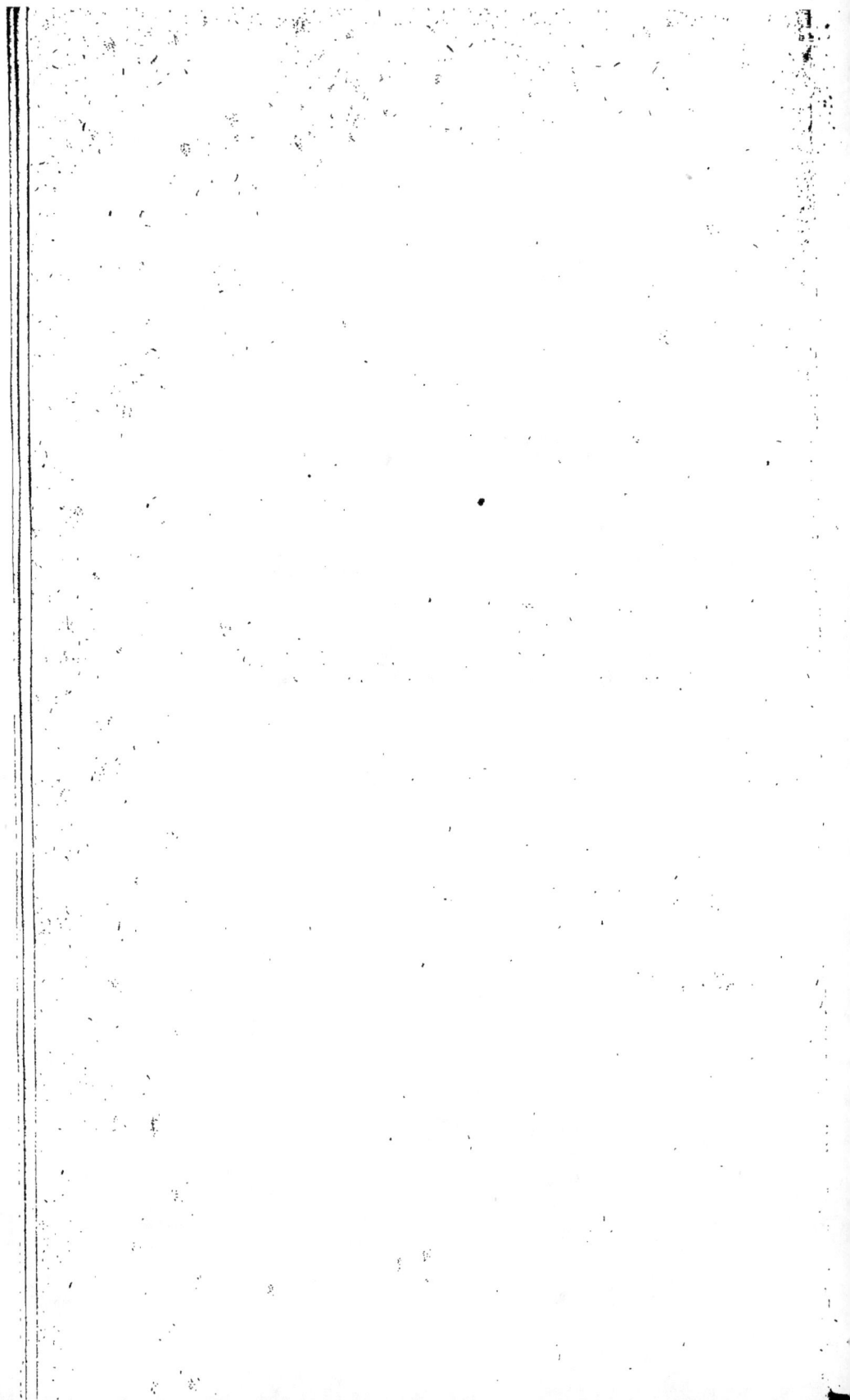

OBSERVATIONS

PHYSIOLOGIQUES ET PSYCOLOGIQUES

SUR L'HOMME,

Par L. M. JAMES,

DOCTEUR EN MÉDECINE DE LA FACULTÉ DE PARIS,

CHEVALIER DE LA LÉGION D'HONNEUR,

MEMBRE DE L'ACADÉMIE ROYALE DE MÉDECINE, DE LA SOCIÉTÉ

ROYALE ACADÉMIQUE DES SCIENCES, DE L'ATHÉNÉE

DE LA VILLE DE PARIS, ETC.

TOME SECOND.

PARIS,

J. M. EBERHART, IMPRIMEUR DU COLLÈGE ROYAL DE FRANCE,

ET LIBRAIRE,

RUE DU FOIN SAINT-JACQUES, N° 12.

1826.

TABLE

DES CHAPITRES ET PARAGRAPHES

CONTENUS DANS CE SECOND VOLUME.

———

FIN DE LA TABLE.

AVANT-PROPOS.

———

L'ATTRACTION est le principe, ou plutôt la loi générale qui régit l'univers. Cette loi est unique ; la nature n'en a pas deux : si elle en avait deux, ou elles seraient opposées, ou elles seraient analogues. Dans le premier cas, elles se contrediraient, se contrebalanceraient, tout serait dans l'équilibre et partant serait dans le repos ; dans le second, l'une serait nécessairement la conséquence de l'autre, et il faudrait toujours reconnaître comme primitive, celle dont l'autre dériverait.

L'attraction est donc cette loi primitive à laquelle tout ce qui existe dans le monde est soumis ; nul être de quelque règne qu'il soit, organique ou inorganique, pour parler comme les hommes qui font des systêmes, ne peut s'y soustraire : l'arbre pèse sur la terre de laquelle il tire sa nourriture, et il y pèse immobile, si ce n'est lorsqu'il est agité par le vent. L'homme, le plus orgueilleux, le plus audacieux des animaux, se meut, s'agite, se tourne et se retourne sur cette même terre, mais il y pèse également de tout son poids ; et lorsqu'il y reste immobile, il n'a pas, comme l'arbre, le pouvoir d'en tirer sa subsistance.

Quelle est donc la différence entre la loi qui régit les animaux, celle qui régit les végétaux, et celle qui régit la terre? je n'en vois aucune; seulement je trouve que c'est la terre qui la fait à tout ce qui vit ou végète sur sa surface : les végétaux et les animaux sont aussi invariablement attirés vers les substances propres à satisfaire leurs besoins, que la terre parcourt son orbite en vertu de la loi de gravité.

Toutefois, quand je considère ce qui se passe tous les jours sous mes yeux; quand je me demande ce qui se passe en moi-même, et quand je m'aperçois que non-seulement j'en ai conscience; mais même que c'est la conscience que j'en ai qui détermine les mouvements particuliers aux-

1.

quels je me livre au milieu du mouvement général dont je ne puis m'affranchir ; je suis obligé de convenir qu'il y a cependant dans la nature une loi particulière à laquelle de certains êtres sont obligés d'obéir.

Mais quand je me demande quelle est cette loi, je vois que les uns ont parlé d'irritabilité, de contractilité insensible et sensible, comme si un même principe pouvait avoir deux qualités opposées, dont l'une serait négative et l'autre positive ; je reconnais bientôt que ces principes n'expliquent qu'une faible partie des phénomènes tant de la vie végétale que de la vie animale, je suis donc obligé d'en chercher un qui les explique tous. Je trouve d'abord la force plastique, c'est-à-dire, cette force en vertu de laquelle un animal ou un végétal convertit en se l'appropriant une substance inorganisée ou morte en substance organisée ou vivante. Mais cette force plastique ne m'explique qu'un des phénomènes des corps vivants, et je cherche un principe qui me les explique tous, comme l'attraction explique tous ceux de l'univers : et après avoir bien médité, je trouve que ce principe commun à tous les êtres organisés est la sensibilité. En effet, elle rend raison de tous les phénomènes de la vie éphémère des corps vivants, comme l'attraction rend compte de la vie éternelle de l'univers, et comme toutes les objections disparaissent devant un principe dont il est démontré que tout découle , nous osons espérer que l'irritabilité , la contractilité disparaîtront des théories physiologiques devant la sensibilité , comme les tourbillons de Descartes ont disparu des théories physico-astronomiques devant l'attraction.

OBSERVATIONS

PHYSIOLOGIQUES ET PSYCOLOGIQUES

SUR L'HOMME.

~~~~~~

CHAPITRE PREMIER.

De la Sensibilité et de la Stimulation.

———

Nous avons vu dans le premier volume de ces Observations, comment la sensibilité et la stimulation d'où résultent tous les phénomènes de la vie, sont l'une le résultat de l'organisation, et l'autre la force qui produit tous les mouvements qui se passsnt dans les corps organisés. En effet, si l'on considère que les stimulants sont aux corps vivants ce que les moteurs sont aux machines créées par l'art de l'homme, on sentira facilement que les premiers sont aussi nécessaires à l'action des forces vitales, que les seconds à celle des forces mécaniques. Néanmoins la présence de tous les stimulants n'est pas toujours indispensable à l'entretien des mouvements vitaux ; ces stimulants sont, comme on l'a vu (1), ou extérieurs ou intérieurs, et les premiers servent à la production des seconds. Ceux-là sont l'air, le calorique et les aliments; ceux-ci sont le sang artériel, les fluides, qui concourent à sa formation, et ceux qui résultent, soit médiatement, soit immédiatement de sa décomposition normale, ou morbide : les premiers sont le chyle, la lymphe, la salive, le mucus, la sérosité, la bile et la graisse ; les seconds sont les matières de la transpiration insensible, de la sueur, des excrétions alvines, du pus, des leucorrhées, des blénorrhées, etc., etc. Avant d'examiner l'importance de tous ces stimulants tant internes qu'externes, il me paraît utile de jeter un coup

_____

(1) Page 147 et suivantes, t. I de cet ouvrage.

d'œil sur l'organisation des corps vivants, et sur celle de l'homme en particulier.

D'abord gardons-nous bien de confondre la vie et l'organisation : ce serait une erreur qui nous entraînerait dans un chaos qu'il nous serait impossible de débrouiller; si l'organisation était la vie, il faudrait dire que l'univers est vivant, puisque jamais organisation ne fut plus parfaite que celle de cet être incommensurable et qui remplit l'infinité de l'espace ; mais il est constant que non-seulement l'organisation précède la vie, mais encore qu'elle lui succède. N'est-il pas organisé ce grain de blé que je jette dans la terre, et qui ne reçoit la vie que lorsque les sucs que renferme cette terre, secondés par la chaleur, auront réveillé en lui la force vitale qu'il renfermait ? N'est-il pas organisé cet œuf avant que l'incubation en ait fait naître un poulet ? L'organisation précède donc la vie, et même elle lui succède. Cet homme qui vient de mourir d'une apoplexie foudroyante, conserve si bien toute l'intégrité de son organisation, qu'il est impossible de découvrir la moindre lésion dans aucune des par-

ties de son corps les plus essentielles à la vie :
mais il a perdu la sensibilité, et la vie ainsi que
tous les phénomènes qui la caractérisent ont
disparu avec elle ; et cette machine si parfaite
qui vient, il n'y a qu'un moment, d'exécuter des
mouvements si variés, de parler, de raisonner,
n'est plus qu'une matière brute, dont les principaux agents qui entretenaient son organisation, vont bientôt opérer la décomposition.

Tous les jours l'homme crée, imagine, exécute
toutes sortes de machines d'une organisation
plus ou moins parfaite, selon qu'il existe plus
ou moins d'harmonie entre les parties qui les
constituent; mais le moteur de ces machines est
presque toujours en dehors d'elles-mêmes, et les
mouvements qu'elles exécutent se manifestent
presque toujours par une action exercée sur un
corps qui leur est étranger. Aucune d'elles,
que je sache, ne reçoit sa force et sa puissance du
corps même sur lequel toute puissance s'exerce,
si ce n'est le belier hydraulique de Montgolfier,
invention admirable qui étonne l'esprit humain, et qui serait d'une bien grande utilité
dans tous les arts industriels, s'il était possible

d'exécuter cette machine en grand avec succès.
Dans l'organisation vivante il n'en est pas de
même, bien que le corps organisé, soit végétal,
soit animal, reçoive sa première impulsion de
l'air, de l'eau, du calorique, de la lumière et des
aliments, il faut que ces puissances extérieures
soient introduites en lui-même, et modifiées
par ses propres forces pour qu'elles puissent
produire en lui tous les phénomènes de la
vie : il est remarquable que du moment où
la première impulsion a été donnée à la force
vitale, cette impulsion ne peut être suspendue
sans que le corps organisé rentre sans retour
dans le domaine de la nature purement physique, bien que son organisation existe encore tout
entière. Il résulte de là que la vie n'est point une
conséquence nécessaire de l'organisation, bien
qu'elle ne puisse exister ni se continuer sans
elle. Il y a donc dans les corps organisés vivants quelque chose de particulier qui résulte
de la première impulsion donnée à l'organisme
par l'une ou plusieurs des puissances extérieures dont nous avons parlé : et puisque
cette impulsion une fois produite ne peut

plus être renouvelée dès qu'elle a été un seul instant entièrement suspendue, il faut croire que la sensibilité à laquelle elle avait donné naissance à cessé sans retour d'exister avec elle.

CHAPITRE II.

De l'Organisation mécanique.

L E S êtres organisés et sensibles vivent et prospèrent au moyen de certaines substances qu'ils s'approprient et auxquelles beaucoup de physiologistes ont, sans trop savoir pourquoi, donné le nom de matière *viable*. Ces messieurs ont peut-être mis trop de subtilité dans leur raisonnement à cet égard. A mes yeux tout est viable dans la nature, excepté ce qui ne serait pas véritablement matière : et il n'y a rien qui ne le soit. Mais pour ne pas entrer dans une discussion qui pourrait paraître désagréable à quelques personnes, abordons franchement et sans détour la question. Un cultivateur jette ses grains à pleines mains dans son champ nouvellement labouré : celles de ces graines qui tombent sur la pierre sèche ne prospèrent pas, tandis qu'au contraire le plus grand nombre de celles qui tombent dans la terre se développent et reproduisent un grand nombre d'individus de leurs espèces. Qu'a-t-il manqué aux premières pour se reproduire, et quelle cause a été celle de la reproduction des secondes? Les unes et les autres avaient en elle-mêmes tous les moyens de développement que la nature accorde aux êtres organisés. Mais celles-là n'ont trouvé sur la pierre aucune matière propre à développer leur sensibilité, tandis que celles-ci l'ont trouvée dans la terre. Voilà toute la différence ; mais, pour ne pas nous jeter dans des investigations qui nous conduiraient au-delà des limites que nous nous sommes prescrites, ne nous occupons ici que de l'homme qui est l'objet spécial de nos recherches. Si nous l'examinons au moment même où l'introduction du sperme donne la première impulsion à la matière organisée déposée par la nature dans l'*ovaire*, nous verrons que tout-à-coup cette matière prend un mouvement et une sensibilité qui lui était étrangère : qu'elle enfile le canal des trompes, et vient se placer dans la matrice, ou par une sorte d'incubation maternelle, elle est sans cesse pénétrée d'une chaleur égale, qui favorise le développement du nouvel être, et l'assimilation que déjà de sa propre puissance, il fait à tous ses organes, des matières alibiles qui lui sont offertes par les conduits ombilicaux. Cette chaleur et ces éléments vivificateurs ne font qu'entretenir la première impulsion donnée à l'ovaire par la liqueur spermatique ; il est bien évident que si cette impulsion était un moment suspendue par l'anéantissement de l'une ou de l'autre des causes qui l'entretienent, la vie du fœtus cesserait, et avec elle la sensibilité qui est la première cause de tous les phénomènes de la vie fœtale. Ici nous pouvons considérer la chaleur et le sang maternel comme les seuls stimulants nécessaires à l'entretien de cette impulsion et de tous les phénomènes qui en résultent.

Le fœtus, par la seule puissance de ces deux stimulants, continue à s'assimiler tous les ma-

tériaux qui lui arrivent par les vaisseaux ombilicaux, et son accroissement est d'autant
plus rapide que chez lui la force assimilatrice
est très-grande, tandis que les excrétions sont
presque nulles. Les choses se passent ainsi
jusqu'au moment de la naissance.

CHAPITRE III.

Des Corps extérieurs.

———

UNE fois que le fœtus a vu le jour, des stimulants extérieurs deviennent nécessaires au maintien de sa vie et à l'entretien de sa sensibilité : le premier de ces stimulants, celui sans lequel la première impulsion donnée serait suspendue, et les mouvements vitaux qui en résultent, anéantis sans retour, est l'air atmosphérique dont l'oxigène absorbé par l'action pulmonaire, contribue à la formation du sang artériel, sans lequel il n'y a point de vie, ni par conséquent de sensibilité.

On me demandera peut-être ce que j'entends par sensibilité : je répondrai que c'est cette propriété en vertu de laquelle chaque organe cédant à la puissance de la matière stimulante qui lui est propre, fait subir à cette matière une nouvelle élaboration et se l'assimile de manière à ce qu'elle contribue à son entretien et à son renouvellement, ou en reçoit une impulsion qui détermine une action générale ou particulière. Pour se faire une idée de cette propriété , qui ne peut d'ailleurs être expliquée que par les phénomènes qui en résultent, il faut concevoir, comme je l'ai déjà démontré dans mon premier volume (1), que chaque organe ou plutôt chaque fonction de la vie est douée en raison de chacune des parties qui la constituent, d'une force qui lui est particulière, et qui sans que la sensibilité cesse d'être la même partout, produit cependant des résultats qui diffèrent en raison de la texture de chaque partie et de la nature du stimulant propre à mettre en action les forces vitales. En effet, quel que soit le moteur , il est évident que le mobile produit toujours un résultat analogue à son organi-

(1) V. p. 117 et suiv.

sation, pourvu toutefois que l'impulsion lui donne une action suffisante pour vaincre la résistance que peut lui opposer la substance soumise à son élaboration. Il faut toutefois remarquer ici, comme un fait important, que si chaque fonction jouit d'une force d'action qui lui est particulière, cette force n'est cependant pas tellement indépendante, qu'elle puisse produire à elle seule un résultat isolé, et que l'on puisse croire affranchi du concours de toute autre fonction même la plus éloignée de celle à qui on pourrait uniquement l'attribuer.

Dans l'économie des êtres organisés, toutes les actions et toutes les réactions sont dans une dépendance telle que nulle fonction ne produit un effet que l'on puisse n'attribuer qu'à elle seule, ou considérer comme résultant entièrement de son organisation particulière. Nous avons déjà fait voir que dans l'organisation vivante, tout se tient, tout tend à un but unique, qui est la vie; qu'il n'est pas une partie, pas une molécule qui ne concourent à ce but, et qu'enfin ce concert général vient de ce que tout

2.

étant lié par la propriété unique, que nous avons nommée sensibilité ; cette propriété, jointe à la stimulation, suffit pour expliquer tous les phénomènes de la vie : et en effet, il n'est pas un mouvement vital dont on ne puisse rendre compte au moyen de la sensibilité et de la stimulation.

En considérant les stimulants extérieurs, tels que l'air, le calorique, la lumière, l'eau et les aliments, on voit que la présence des trois premiers est, comme nous l'avons déjà démontré, sans cesse indispensable à l'entretien de la vie, tandis que celle des aliments ne le devient qu'à des intervalles plus ou moins rapprochés.

Outre que l'air, fluide éminemment élastique, compressible et pesant, sert à chaque instant à la rénovation du sang artériel en abandonnant son oxigène sur les surfaces de l'organe pulmonaire ; il sert encore, par sa compressibilité et surtout sa pesanteur, qui a été évaluée à 33,600 livres pour un homme d'une taille moyenne, à maintenir toutes les parties dans l'équilibre, et à s'opposer à ces dilatations morbides, et à ces turges-

cences anormales de nos solides , d'où résulterait nécessairement l'évaporation de nos
liquides. Il paraît démontré de plus par plusieurs expériences que ce fluide; qui d'ailleurs est en quelque manière sinon le conducteur, du moins le dépôt de tous les autres ,
est indispensable à la formation du sang artériel , non - seulement par son action sur
l'organe pulmonaire , mais encore par celle
qu'il exerce sur toute la surface du corps. Il
n'est donc pas un instant de la vie où l'homme
puisse se passer de la présence de ce fluide;
qu'il en soit privé un seul moment, il mourra sans retour. Et cependant quoique les
autres stimulants soient également indispensables à la vie , leur absence peut être plus ou
moins prolongée , sans que pour cela nous
ayons à redouter la mort.

L'air servant , comme je viens de le dire,
immédiatement à la formation du liquide réparateur de la vie, la circulation de celui-ci ne
peut non plus être suspendue entièrement un
seul instant sans que la mort ne s'ensuive ;
on ne peut même en interrompre le cours

dans aucune de nos parties, sans que celles-ci perdent à l'instant sa sensibilité et la faculté de se mouvoir. Il n'en est pas de même, ai-je dit, de l'eau, de la lumière et des aliments; il est un grand nombre d'animaux, tels que les ours, les marmottes, les serpents, qui se passent des uns et des autres pendant un assez long espace de temps, sans que pour cela ils cessent de jouir de toutes les propriétés vitales, excepté la faculté locomotrice; ils vivent plongés dans l'obscurité la plus profonde, et dans une sorte de léthargie plus ou moins longue, qui ne cesse qu'au moment où la chaleur extérieure revient leur rendre cette faculté avec le désir de s'en servir.

On a prétendu que pendant tout le temps que durait chez eux cette longue léthargie, ils cessaient de respirer : mais cela n'est ni vrai, ni vraisemblable; et d'ailleurs quelle que soit la profondeur des repaires où ils se retirent pendant le temps de leur mort apparente, toutes les parties extérieures de leur corps n'en sont pas moins en contact avec ce fluide.

Il est d'ailleurs impossible de concevoir l'air
atmosphérique dans un état tel qu'il soit à la
fois privé de chaleur et d'humidité; et comme
il est composé dans sa plus grande pureté de
21 de gaz oxigène, 78 d'azote et 1 d'acide carbonique, comme il est essentiellement conducteur du calorique, ou que du moins celles
de ses parties qui, après s'être saturées de calorique qu'elles ont puisé à la surface du globe,
tendent toujours à s'élever en abandonnant
sans cesse une partie aux couches supérieures
qu'elles traversent dans leur mouvement as-
cendant, il en résulte qu'à de grandes hauteurs ce fluide ne contient plus de calorique
libre.

Mais à des couches plus voisines du niveau de la terre, il en contient toujours une
plus ou moins grande quantité.

D'un autre côté, comme les eaux courantes
ou stagnantes qui recouvrent diverses parties
du globe terrestre subissent une évaporation
continuelle sur tous les points de leurs surfaces, et que les vapeurs qui en résultent s'é-
lèvent dans l'atmosphère qui en devient com-

me le réservoir, on ne peut pas plus concevoir l'air atmosphérique privé d'humidité
que de calorique, et comme celui-ci est insé-
parable de la lumière, il en résulte que l'air
peut être considéré comme contenant toujours
une quantité, plus ou moins considérable,
d'eau, quoique cette quantité ne soit pas toujours sensible à l'hygromètre. Mais comme l'air
est sans cesse présent sur toute la surface de
la terre, il est certain que le calorique et l'humidité dont il est le véhicule ou le dissolvant,
s'y trouvent avec lui : et comme ces fluides
répandus par la nature, ne manquent jamais
à l'homme, qui d'ailleurs n'est le maître d'en
changer pour lui les qualités qu'en changeant
de climat, nous ne prétendons nous occuper
que des aliments dont nous pouvons disposer
à notre gré.

CHAPITRE IV.

Des Aliments.

———

Les aliments sont certainement indispensables au maintien de la vie ; mais beaucoup d'animaux peuvent s'en passer pendant plusieurs mois, et l'homme lui-même peut s'en abstenir absolument pendant plusieurs jours, et cette abstinence lui est souvent utile. Si nous voulions considérer la matière alibile sous un point de vue général, nous dirions qu'elle se compose de tout ce qui sert à l'accroissement des végétaux, aussi bien qu'à celui des animaux ; mais nous ne voulons parler ici que des aliments propres à notre espèce, et que nous avons dit être les stimulants directs et naturels de l'estomac (1).

———

(1) T. 1, p. 147 et suiv.

L'homme est à la fois herbivore, granivore, frugivore et carnivore ; à l'aide de son art, il a su rendre propre à sa nourriture une foule de productions végétales et animales que dédaignent la plupart des espèces tant sauvages que domestiques, qui vivent avec lui sur la surface du globe terrestre. Toutefois parmi les substances dont nous nous nourrissons, et même parmi la multitude de mets, plus ou moins assaisonnés, que l'on sert sur nos tables, il n'en est pas un qui ne contienne des parties analogues à celles dont nos solides et nos liquides sont composés. Ce n'est pas que l'on puisse trouver une grande différence entre les parties constituantes de l'homme, et celles, par exemple, du lion, de l'éléphant; et quand cette différence existerait ; nous ne pourrions au total en conclure autre chose, si ce n'est que la cause de l'assimilation étant toujours la même, elle ne laisse pas d'être variée dans ses effets, et tous ces messieurs en conviennent, quoiqu'en voulant établir des systèmes qui contrarient le principe unique de la nature, ce qui nous force de répéter que tous les effets analogues résultent d'une même cause.

La nature, en multipliant le nombre des substances propres à la nourriture de l'homme, semble s'être conformée à la diversité infinie de ses goûts et de ses appétits, et à l'étendue de son domaine, qui n'a point de borne sur le globe : puisqu'en effet son adresse, sa ruse, son intelligence plus que sa force lui soumettent les végétaux qui croissent dans tous les climats, et les animaux qui habitent dans toutes les régions, et ceux qui volent dans les airs et ceux qui vivent dans les eaux.

Cependant, parmi les substances innombrables qui servent aux besoins de l'homme, il ne peut employer à sa nourriture que celles qui sont formées d'éléments susceptibles d'être assimilés aux fluides et aux solides qui constituent son corps. Il n'est pas besoin de dire que les chairs des animaux contenant ces éléments, nous sont pour la plupart assimilables; mais il n'en est pas de même des substances végétales. Néanmoins, comme parmi les premières, il en est qui nous conviennent moins que d'autres, nous allons examiner quelles sont parmi les unes et les autres celles qui, contenant plus ou moins d'éléments analogues à ceux qui entrent dans la composition de nos organes, sont par cela même plus ou moins propres à notre nutrition.

Nous comprenons, sous le nom d'aliments, toutes les substances susceptibles de fournir la matière, qui, élaborée dans notre estomac, compose d'abord nos fluides, et qui portée et pénétrant dans tous nos tissus, sert à leur développement, à leur renouvellement, c'est-à-dire, qui ajoute à leur substance ou répare leurs pertes.

Nous séparons donc la matière, réellement nutritive, des qualités de cette matière, qui dépendent des substances dans lesquelles elle est confondue ; substances qui constituent l'infinie variété des composés dont nous nous nourrissons : substances qui n'ont point la propriété de prendre la forme et la nature des différentes parties de notre corps, quoiqu'elles y portent leur saveur et leur odeur, et qu'elles aient pour la plupart celle de sti-

muler d'une manière plus ou moins favorable
les fonctions de notre estomac, et sont, comme nous le ferons voir dans la suite, nécessaires à l'assimilation. Ainsi nous réduisons la
matière nutritive à un certain nombre de modifications, quoique les corps dont nous nous
nourrissons soient extrêmement nombreux et
variés.

Tous les aliments appartiennent au règne
organique, et en effet l'expérience prouve que
les minéraux résistent tous aux fonctions assimilatrices, et ne peuvent être employés que
comme moyens pharmaceutiques.

Les végétaux puisent dans la terre végétale,
qui se compose des débris des corps organisés
en dissolution. Ces débris sont absorbés par
les plantes et y reprennent une nouvelle
organisation ; c'est dans le sein de ces plantes qu'ils redeviennent propres sous les formes
de feuilles, de tiges, de graines et de fruits,
à la nourriture d'une multitude innombrable
d'animaux de toute espèce, qui, à leur tour,
deviennent la pâture d'une multitude non
moins nombreuse d'autres animaux , qui

ne vivent que de chair. Quant à l'homme, il s'accommode de tout.

Ainsi l'on voit dans cette succession de phé-nomènes divers les végétaux élaborer la ma-tière organisable, lui rendre son organisation, et les propriétés nécessaires pour qu'elle puisse servir à la subsistance des animaux, qui vivent de leurs sucs, et ceux-ci l'élaborent de nouveau et la rendent propre à la pâture des carnivores. Ainsi la nature organisée se reproduit, se conserve, périt et se reproduit encore dans un cercle continuel de vie et de mort, de composition et de décomposition.

CHAPITRE V.

La Matière alimentaire est-elle unique ?

HIPPOCRATE, et après lui Stbal et Lorry, croyaient que la matière nutritive était toujours la même ; et, selon eux, il n'y en avait d'autre que le mucilage, qui était seul fermentessible : à la vérité le dernier soupçonne que des corps qui ne sont pas de mucilage peuvent le devenir au-dedans de nous par l'effet même des forces digestives. Mais cette opinion supposait qu'il n'entrait dans la composition de nos organes que du mucilage, tandis qu'il est reconnu que ces organes diffèrent des autres, non-seulement par les substances qui les constituent, mais qu'encore les parties qui les constituent diffèrent entre elles par leurs éléments. Il résulte de là que si le mucilage était la seule matière véritablement nutritive, il faudrait non-seulement qu'elle subît autant de transformations que nous avons d'organes, mais encore autant que ces organes renferment de parties différentes ; ce qui supposerait chez nous une variété infinie de forces assimilatrices, compliquerait infiniment le travail de la nutrition, et serait contraire à l'admirable simplicité que la nature met dans toutes ses opérations.

Maintenant si dans tous les composés dont nous faisons usage pour notre nutrition, nous trouvons plusieurs des principes qui entrent dans nos solides et nos liquides, nous devons en conclure que la matière nutritive n'est pas uniforme, et n'a pas toujours les mêmes caractères et les mêmes propriétés.

Nous avons déjà dit que la substance musculaire donne à l'analyse beaucoup de fibrine, un peu d'albumine, une grande quantité de gélatine ; principes auxquels nous ajouterons une substance particulière, que M. Thenard a nommée osmazoone, sans parler du phosphate de soude et d'ammoniaque, que l'on trouve dans les parties solubles des muscles, mais qui n'appartiennent pas à leur tissu.

L'action de l'eau bouillante réduit en géla-tine les tendons, les membranes, les liga-ments, les cartilages, le tissu dermoïde et le tissu cellulaire, et cette gélatine donne de l'acide oxalique par l'acide nitrique.

Les os sont spécialement composés de géla-tine et de phosphate de chaux, auxquels on peut ajouter du carbonate de chaux et de magnésie, d'oxide de manganèze et de fer.

La substance cérébrale contient une ma-tière grasse, de l'albumine, de l'osmazome, du phosphore, du soufre, et différents sels, notamment du phosphate de potasse, de chaux, de magnésie, et du muriate de soude.

Le foie contient de la gélatine, de la fibrine, de l'albumine, de l'osmazome, et les autres matières, qui sont contenues tant dans le sang que dans la bile.

Toutes ces substances traitées par l'acide nitrique dégagent de l'azote, se convertissent en une matière jaune et inflammable, en une

3

matière grasse, en acide prussique, en acide oxalique et en acide carbonique.

La lueur phosphorique qui se dégage de diverses parties molles des cadavres qui se putrifient, le phosphore que M. Vauquelin a trouvé dans le cerveau, tout fait présumer que cette substance existe dans toutes les parties molles des animaux : enfin toutes ces parties, par leur décomposition spontanée dans l'air, dans l'eau et dans une terre humide, donnent de l'*adipocire*.

Ainsi les principaux produits de nos solides, considérés dans l'état sain, sont la fibrine, l'albumine et la gélatine, l'osmazome, et des matières grasses, du phosphore, du soufre, du phosphate calcaire et quelques autres substances salines, un mucus qui constitue dans les cheveux, les ongles et l'épiderme.

Si maintenant nous examinons les liquides qui contribuent à la nutrition des solides;

Nous trouvons, 1°, que le chyle, extrait du canal torachique, se coagule à l'air, devient rose, et qu'il s'exsude du caillot un liquide séreux, de nature albumineuse; que le caillot, lavé sous un filet d'eau, devient blanc et présente des fibres blanches ; le chyle contient d'ailleurs différents sels, notamment un muriate alkalin, du phosphate de fer blanc ; un alkali qui rétablit promptement la couleur du tourne-sol rougie par les acides, l'alcool précipite du sérum, de l'albumine et une matière grasse et insoluble dans l'alkali, comme celle que M. Vauquelin a trouvée dans le cerveau, la moelle épinière et les nerfs.

La fibrine du chyle présente une texture moins forte, moins élastique que celle du sang ; elle est plus promptement et plus complètement soluble dans la potasse caustique, et ne laisse point, comme cette dernière, de résidu insoluble dans cet alkali, quoiqu'il la rapproche de l'albumine. D'un autre côté, comme le chyle devient de plus en plus abondant en fibrine, à mesure qu'il se rapproche du lieu où il doit entrer dans le système sanguin, on peut penser, avec raison, que la matière nutritive passe à l'état albumineux avant de prendre celui de fibrine.

Aussi voyons-nous, 2°, que le sang, qui

3.

d'ailleurs diffère du chyle par sa couleur,
contient moins d'albumine dans sa partie sé-
reuse, où l'on trouve aussi un peu de gélatine;
que son caillot renferme une fibrine mieux
caractérisée que celle du chyle : on trouve
d'ailleurs dans le sang les mêmes sels que dans
le chyle; le phosphate de fer est dans le sang
au maximum d'oxidation, tandis que dans le
chyle il est au minimum; on n'a pas rencontré
de matière grasse dans le sang, mais il contient une matière soluble dans l'eau, et qui
probablement est de l'osmazome.

3°. Nous trouverons en grande quantité
dans le lait dont les éléments sont séparés du
sang dans les premiers moments qui suivent
la digestion, pour servir chez la femme à la
nourriture de l'enfant, ou rentrer dans la circulation, du sérum, qui tient en suspension
du beurre et une matière caseuse très-ana-
logue à l'albumine; nous y trouverons aussi
de l'acide acétique, du phosphate de chaux,
de magnésie et de fer, et enfin une matière
connue sous le nom de sucre de lait, que
l'on ne retrouve dans aucun autre fluide ani-

mal, et qui donne de l'acide muqueux, de l'acide oxalique par l'acide nitrique.

4°, La sérosité qui s'exhale des membranes séreuses, est presque entièrement composée d'eau et d'albumine ; celle-ci, dans les épanchements séreux, est souvent en si grande quantité que le liquide se prend en masse par la chaleur.

5°, La lymphe est probablement de nature albumineuse.

6°, La graisse, huile concrète sécrétée par le tissu adipeux, est insoluble dans l'eau et dans l'alcool; elle se fige au contact de l'air, prend l'état savonneux par les alkalis, et se convertit en acide oxalique et en acide acétique par l'acide nitrique, et en acide sébacique par l'action du fer.

7°, Le mucus qui lubrifie, défend à l'état d'un liquide visqueux et filant toutes les surfaces muqueuses, et semble encore destiné comme nous l'avons dit, pag. 38, à nourrir l'épiderme, les cheveux et les ongles, où il se trouve à l'état sec, ne forme point d'émulsion avec les huiles comme les gommes et les mucilages végétaux, il file dans l'eau et s'y tient suspendu comme un corps insoluble à ce liquide, il se fond sur les charbons, se boursouffle, et brûle avec l'odeur de corne. A l'état sec, il gonfle dans l'eau et s'y ramollit sans s'y dissoudre, donne de l'ammoniaque et de l'huile fétide à la distillation ; il se dissout dans les acides, et c'est-là son principal carac-tère; il jaunit l'acide nitrique et se convertit par cet acide en acide oxalique.

8°, La salive sécrétée par les glandes paro-tides, les maxillaires et les sub-linguales, est un liquide visqueux, qui n'est ni acide ni alkalin ; qui mousse beaucoup par l'agitation, absorbe l'oxigène. La salive est formée d'eau, de mucus et d'albumine; on y trouve du muriate et du phosphate de soude, enfin du phosphate d'ammoniaque et de chaux.

9°, La bile liquide, outre une matière grasse et résineuse, à laquelle elle doit son odeur, sa couleur et sa saveur, contient, 1°, une matière jaune, particulière, insoluble par elle-même; 2°, de la soude qui paraît servir de dis-solvant aux deux matières précédentes; 3°, une grande quantité d'albumine ; 4°, du phosphate, du muriate et du sulfate de soude ; 5°, de l'oxide de fer et du phosphate de chaux ; 6°, enfin une grande quantité d'eau, qui sert de véhicule à toutes ces substances, parmi lesquelles la résine et la matière sont excrémentielles.

Il résulte de là que la gélatine se répand dans tous nos organes, que la fibrine fait la base de nos muscles, que la substance albumineuse ou caseuse ne paraît être qu'un premier degré de la fibrine, que le mucus est destiné à nourrir l'épiderme, les ongles et les cheveux, que l'osmazome paraît être une matière attractive et colorante; si à tout cela nous ajoutons une matière sucrée, des substances grasses, du soufre, de l'acide phosphorique libre, de la soude, du phosphate de soude et de chaux, et du muriate de soude et d'ammoniaque : nous aurons tous les principes immédiats de nos solides, et nous verrons qu'à quelques modifications près, elles se trouvent dans nos liquides; mais si ces modifications n'existaient pas, si par exemple la matière ex-

tractive du sang était parfaitement semblable
à l'osmazome; si le beurre, le sucre de lait qui
ne se trouvent que dans le lait; si la graisse
qui n'entre pas comme partie essentielle dans
la composition de nos solides, ne subissaient
pas quelque changement dans leurs principes
avant de servir à la composition de nos organes; si le chyle était semblable au sang, il
en résulterait que toutes les opérations de la
vie se réduiraient à un simple rapprochement
de parties identiques pour produire l'assimilation, et dès-lors les organes de la respiration, des sécrétions et des exhalations seraient
inutiles dans l'économie vivante.

Mais dès qu'il y a une analogie aussi grande
que celle que nous venons de faire connaître,
d'après MM. Hallé et Nisten, entre les principes immédiats de nos fluides et de nos solides; dès que nous avons fait voir que ces
principes, qui diffèrent entre eux, sont aussi
nombreux dans les premiers que dans les seconds; nous sommes fondés à conclure de là
que nos organes ne sont pas formés d'une
même substance; que si les fluides nourriciers

contiennent dans un même véhicule des substances très-différentes entre elles, très-ana-
logues à celles qui constituent ces organes, et
propres à leur être assimilées par une légère
transformation ; il est hors de doute, d'après
cela, que la substance nutritive n'est pas unique, et ne consiste pas dans le seul mucilage.

CHAPITRE VI.

Des Substances qui constituent nos aliments.

Ce que nous venons de dire sera démontré d'une manière encore plus évidente , si , dans l'examen que nous allons faire des substances végétales qui constituent nos aliments , nous trouvons entre les matériaux immédiats qui les constituent, une analogie aussi grande que celle qui existe entre ceux qui circulent avec nos humeurs et les matières qui servent à l'accroissement et à l'entretien de notre corps.

D'abord toutes les gelées végétales, séparées autant que possible de la matière sucrée et de quelques acides avec lesquels elles sont ordinairement mêlées, ont la plus grande analogie avec la gélatine animale, sous le rapport de leurs propriétés physiques. Traitées par l'acide nitrique, elles donnent de l'acide oxalique comme la gélatine animale ; mais pendant l'action de cet acide sur celle-ci, il se dégage du gaz azote que ne donnent pas les gelées végétales, et il se forme moins d'acide oxalique.

Les gelées végétales donnent à la distillation de l'acide acétique empyreumatique et une substance huileuse, comme la gélatine animale ; mais elle donne de plus du carbonate d'ammoniaque. Le charbon des premières contient de la potasse, et celui de la seconde, du phosphate de chaux.

L'amidon se réduit par l'action de l'eau chaude en une espèce de gelée, semblable à celles dont nous venons de parler, et qui donne comme elles de l'acide oxalique sans dégagement d'azote lorsqu'on la traite par l'acide nitrique.

La gomme se comporte avec l'eau comme la gélatine, forme une émulsion avec les huiles, se convertit en acides muqueux , en acides oxaliques et en acide malique , par l'acide nitrique , sans dégagement d'azote ; c'est par la propriété qu'elle a de se convertir par l'acide nitrique en acide muqueux, qu'elle se distingue des gelées végétales, de la gélatine et du mucus animal, qui, d'un autre côté , dégagent de l'azote ; d'ailleurs elle ne donne pas, comme la gélatine , du carbonate d'ammoniaque à la distillation ; son charbon *incinéré* contient du phosphate et du carbonate de chaux. M. Vauquelin a prouvé que la gomme se convertit en acide acétique par l'acide malique , et par l'acide muriatique oxigéné.

M. Vauquelin pense que les mucilages se composent de gomme et d'une substance de la nature du mucus animal. Il est certain que le mucilage de la graine de lin épaissit plus l'eau que la plupart des gommes, et la rend plus filante et plus visqueuse ; d'ailleurs il donne comme la gomme de l'acide muqueux et de l'acide oxalique par l'acide nitrique , forme comme elle une émulsion avec les huiles , ce que ne fait pas le mucus animal ;

mais il contient, comme ce mucus, une quantité notable d'azote. Il se distingue de la gomme
par ce principe dont la présence y est démontrée
par la propriété qu'il a de jaunir l'acide nitrique, par l'ammoniaque qu'il donne à la distillation , et par le prussiate qui résulte de la
calcination de son charbon avec la potasse.

Le gluten qui se trouve dans plusieurs végétaux, et notamment dans les graines céréales
où il est uni à la partie amilacée, forme avec
elle le pain dont la plupart des peuples civilisés
se nourrissent. Le gluten se rapproche beaucoup de la fibrine; isolé des autres parties du
végétal, il affecte moins la forme fibreuse que
ce tissu propre de nos muscles; mais il est,
comme la fibrine, insoluble dans l'eau et soluble dans les acides; comme les substances
animales, il donne par la distillation du carbonate d'ammoniaque et une huile fétide; traité
par l'acide nitrique, il dégage du gaz azote,
forme de l'acide malique et de l'acide oxalique,
et une matière huileuse. Mêlé avec un peu d'eau,
il subit promptement à la température de l'at-

mosphère, la fermentation putride, et répand une odeur infecte.

Les sucs de beaucoup de végétaux, tels que ceux des plantes potagères de la famille des chicoracées, des diverses espèces du genre Brasilien, contiennent une matière comme l'albumine, coagulable et putrescible ainsi qu'elle; cette matière contient de l'azote, principe qui décèle partout le caractère animal.

La matière végétale dite extractive, qui accompagne constamment la partie colorante, est, comme l'osmazome, également soluble dans l'eau et l'alcool ; comme l'osmazome, elle prend l'humidité de l'air, et répand, quand on la chauffe, l'odeur du caramel, s'aigrit, se pourrit au contact d'un air chaud et humide; mais il faut remarquer que souvent les matières extractives et colorantes des végétaux, ont une saveur amère, souvent ont des propriétés médicamenteuses et quelquefois véneuses, tandis que l'osmazome possède à un degré éminent la faculté nutritive.

Le sucre des végétaux a de l'analogie avec

celui du lait ; mais , outre que ces substances présentent de grandes différences dans leurs propriétés sucrantes , le sucre de lait donne par l'acide nitrique moins d'acide oxalique que les sucres végétaux. Enfin le beurre et la graisse des animaux sont onctueux , combustibles et susceptibles de rancir à l'air comme les huiles grasses des végétaux , qui cependant ne contiennent pas d'azote.

Le soufre existe dans le règne animal et dans le règne végétal ; le phosphore ne s'y trouve jamais qu'à l'état de combinaison , mais les phosphates sont assez abondants dans les graines céréales pour donner des quantités notables de phosphore par l'action d'une grande chaleur. D'ailleurs toutes les substances végétales contiennent des phosphates et notamment celui de chaux, aussi bien que tous les autres sels que l'on rencontre dans les substances animales , excepté les sels ammoniaques et l'azote, qui sont les produits directs des forces vitales de l'économie animale.

Si maintenant, par la combustion complète de leur hydrogène et de leur carbone, nous réduisons à leurs éléments les principes immédiats de nos liquides, de nos solides, et des végétaux qui nous servent d'aliments, nous trouverons d'après le travail de MM. Gaylussac et Thénard (1), 1°, Que le sucre, la gomme, l'amidon, contiennent moins de carbone et beaucoup plus d'oxigène, que la fibrine, l'albumine, la matière caseuse et la gélatine; mais que ces dernières substances contiennent une quantité considérable d'azote qui ne se trouve pas dans les premières; 2°, Que le sucre de lait se rapproche du sucre végétal, de la gomme et de l'amidon par la quantité considérable d'oxigène et de carbone qu'on y trouve sans aucune trace d'azote; 3°, Que la plupart des acides végétaux contiennent plus d'oxigène et moins de carbone que ces dernières substances; 4°, Que tous les produits, tant du règne animal que du règne végétal, ne contiennent que peu d'hydrogène, mais que l'huile d'olives contient au contraire une

---

(1) Voyez Recherches physico-chimiques, t. I, p. 268 et suiv.

quantité considérable de ce principe , de carbone et peu d'oxigène.

On voit, d'après tout ce que nous venons d'exposer, que chacun de ces matériaux immédiats des substances végétales qui nous servent d'aliments est, comme chacun de ceux qui constituent nos organes, composé au moins d'hydrogène, d'oxigène et de carbone, mais que chacune de ces substances ne présente de l'analogie qu'avec un des éléments de l'économie animale.

Que par exemple les gelées végétales, l'amidon, la gomme, sont analogues à la gélatine, le mucilage au mucus, la gélatine à la fibrine, les fleurs des chicoracées à l'albumine, et la matière colorante et extractive à l'osmazome, etc. Aucune donc ne présentant une analogie complète avec tous les principes organiques, il semble que toutes ou du moins plusieurs de ces substances soient à la fois nécessaires à la reproduction de nos organes.

On dit cependant que les caravanes qui vont dans l'Arabie ou dans l'Afrique chercher de la gomme, ne se nourrissent pendant tout

le temps de leur retour, que de cette substance;
on prétend aussi que l'on peut se nourrir seulement avec le riz, qui contient la fécule à un
état très-voisin de sa pureté, et que relativement aux aliments tirés des animaux, il est
très-probable que l'on pourrait s'alimenter
d'osmazome, ou d'albumine seule à l'état de
dissolution et de gélatine.

Nous allons examiner jusqu'à quel point
on peut s'en rapporter à ces assertions et
compter sur ces conjectures.

CHAPITRE VII.

Un seul produit immédiat des substances organiques peut-il suffire à la réparation de nos organes ?

Cette question est de la plus haute importance ; elle intéresse l'homme aussi bien sous le rapport physiologique, que sous celui de l'hygiène qui lui est particulière, et de ses facultés morales. Nous allons donc examiner cette question, sous les trois importants aspects qu'elle présente.

§ I.

Sous le rapport physiologique , un seul produit immédiat des substances organiques ne peut suffire à la réparation de nos organes.

Cette proposition ne peut être éclaircie qu'autant qu'elle sera envisagée sous plusieurs aspects différents.

D'abord si nous la considérons sous le point de vue général de l'alimentation , il semble qu'un seul des principes immédiats de la matière organique peut suffire seul à la réparation de nos organes; c'est ce qui a fait dire aux savants illustres que j'ai eu occasion de citer plus haut, que ce principe était unique et consistait uniquement dans le mucilage. Nous avons déjà vu qu'à la vérité le mucilage avait une très-grande analogie avec la gélatine, substance si généralement répandue dans le corps humain qu'elle existe dans les tissus les plus mous comme dans les plus durs. Mais si nous nous donnons la peine de considérer l'alimentation comme une opération résultant non seulement chez l'homme, mais encore chez tous les animaux, du sens du goût, et ensuite des forces vitales que la nature s'est plu à départir à l'estomac et à tous ses appendices, nous concevrons facilement que le sens du goût non plus que celui de l'odorat, ne pourrait pas être excité par une substance unique, au point de nous donner les appétits variés qui nous portent à chercher les aliments nécessaires à la reproduction de nos organes. Si toujours nos yeux étaient frappés par la même couleur, si toujours nos oreilles entendaient le même son; sans être absolument ni aveugles ni sourds, nous serions bientôt insensibles aux impressions qui doivent résulter de l'émotion de ces organes. Si nous vivions toujours dans une température égale, sèche ou humide, pourvu que son intensité dans l'un ou dans l'autre sens ne fût pas telle qu'elle affectât morbidement la nature de nos tissus, nous finirions

par ne plus nous apercevoir de ses impressions.
Tout doit donc nous porter à croire que si
nous n'avions à notre disposition que l'une
des substances que la nature a destinées à notre
nutrition , celle-ci ne ferait bientôt plus aucune impression, ni sur les organes de notre
goût, ni sur les forces digestives de notre estomac. En sorte que nous finirions par cesser
de la rechercher , et de pouvoir la digérer;
car il faut remarquer que pour les parois de
l'estomac, comme pour les nerfs du goût ,
une trop longue habitude produit l'insensi-
bilité.

Si , parmi les aliments qui nous sont
propres, nous étions réduits, par exemple,
à ceux dans lesquels la fécule est presque absolument pure, tels que le riz , l'orge , ou sim-
plement unie à une matière sucrée , comme
dans l'avoine, le blé sarrazin, les pois, les ha-
ricots , nous ne tarderions pas à éprouver
bientôt le plus grand dégoût pour cette substance. Alors quelque analogie qu'elle ait avec
les principes immédiats de nos organes , elle
cesserait de suffire à notre alimentation, parce

qu'elle ne subirait plus une transformation suffisante pour entrer en circulation avec nos fluides, et s'assimiler à nos solides.

Les seules substances alimentaires qui pourraient être regardées comme constamment suffisantes à la réparation de nos tissus et de nos forces organiques, sont le pain de froment bien préparé, joint à la chair des animaux : encore cette dernière employée toujours avec le même assaisonnement finirait bientôt par rebuter le sens du goût, et par devenir, par cette raison, d'une digestion difficile. Ainsi donc la variété des aliments est non seulement utile, mais indispensable à l'entretien de nos forces assimilatrices et des organes digestifs. — C'est ici l'histoire du pâté d'anguille si bien contée par le bon *La Fontaine.*

Il est bon d'observer pourtant que l'habitude nous rend indispensable l'usage de certains aliments; mais si nous n'avons pas soin de suspendre quelque temps cet usage, il finit par dégénérer en dégoût; au lieu que, si on l'interrompt pendant quelques jours, on le reprendra bientôt avec un plaisir tout nouveau.

Nous ne pouvons nous dissimuler qu'il existe dans nos fonctions digestives une force de combinaison très-remarquable, puisqu'elle peut déterminer dans la nature d'un seul produit immédiat de substances alimentaires, végétales ou animales, des changements tels que ce principe puisse s'assimiler aux proportions si variées des matières qui composent toutes les parties de notre corps ; mais il n'en est pas moins vrai qu'il est indispensable pour nous que nos aliments soient des mélanges de plusieurs substances nutritives différentes.

Ces substances nutritives ont, comme on vient de le voir, été divisées en six classes différentes : 1°, celles qui constituent la fécule nutritive sous la forme de farine; 2°, celles qui contiennent une grande proportion de matière fibreuse, tels que le froment, la chair des animaux et ses parties constituantes; 3°, celles dont la base est une substance caseuse ou albumineuse; 4°, les gommes, les mucilages et les gelées; 5 , les sucs gélatineux et mucilagineux végétaux unis à une matière sucrée, à divers acides, à un principe aromatique, à une matière extractive colorante; 6º, les aliments dont la base est une matière huileuse et grasse. — Ces six classes se subdivisent en plusieurs espèces dont nous ne nous occuperons pas ici.

Ce qu'il y a de certain, c'est que la chair des animaux est le seul de ces aliments qui contienne tous les principes immédiats de nos solides et de nos fluides, et le seul qui puisse aussi servir pendant plus ou moins long-temps à leur réparation; encore souvent la chair des jeunes animaux contient-elle la gélatine à un état visqueux qui la rend indigeste et laxative.

Quant à celle des animaux âgés, ou fatigués par le travail, la fibrine y prédomine sur la gélatine; à la vérité celle-ci s'assimile aisément, mais elle produit pendant le travail de son assimilation plus de chaleur que les matières moins animalisées. La gélatine qui, dans les imaux tendres, se trouve interposée entre les fibres, en rend la division plus facile, la digestion moins pénible, et le travail de l'assimilation devient moins échauffant.

Quoi qu'il en soit, comme il est démontré que les substances végétales, même le pain ou le gluten si analogue à la fibrine, se trouve uni à la fécule, qui l'est à son tour à la gélatine; il est certain que, ne contenant qu'une partie des principes immédiats de nos organes, il ne peut suffire long-temps seul à notre nutrition. En effet, quelle que soit la force de composition que les organes digestifs exercent sur ces substances, il faut bien qu'elles finissent par épuiser la sensibilité de ces organes, et par les rendre incapables de suffire à une assimilation trop laborieuse pour eux, il est donc des circonstances où le régime végétal, si souvent recommandé par les praticiens, finit par épuiser la vie en diminuant les forces de composition et en augmentant celles de décomposition.

En effet, examinons comment se fait le grand travail de l'assimilation ou de la nutrition. Premièrement les aliments, avant de descendre dans le ventricule de l'estomac, commencent par être soumis aux instruments de la mastication dans la bouche : là ils sont imprégnés d'une quantité de salive d'autant plus considérable, que les glandes salivaires auront été plus puissamment excitées, et que la saveur des aliments aura été plus ou moins agréable à notre goût; ils y prennent un premier degré d'animalisation par leur mélange avec le mucus, l'albumine, l'oxigène, l'azote, les phosphates d'ammoniaque, de sel et de chaux qui se trouvent dans ce liquide: ainsi la substance végétale commence dès cette première opération à recevoir l'azote et l'ammoniaque qui lui étaient étrangers.

Conduite ainsi dans le ventricule, où elle se mélange encore avec une plus grande quantité de mucus et d'azote, cette substance végétale forme le chyle, et passe dans cet état dans les intestins, où, après avoir reçu les différents principes qui sont contenus dans la bile, elle se divise en deux parties dont l'une est excrémentielle, et dont l'autre forme le chyle. Il est certain que moins elle contenait de principes

immédiats de nos organes, plus elle aura dû en
recevoir dans ces trois transformations ; plus
elle aura épuisé les organes secréteurs du mucus, de la bile, des sucs pancréatiques, et plus
conséquemment elle aura altéré les forces digestives ou de composition.

Mais ce n'est pas tout : lorsque la substance
alimentaire sera convertie en chyle, lorsque
arrivée dans la veine cave, elle s'y mélangera
avec la lymphe et le sang veineux, lorsque enfin
après son dernier degré de l'animalisation dans
le poumon, elle passera avec le sang artériel
dans la circulation, il ne faut pas croire que dès
cette fois, son assimilation avec le fluide vital
sera parfaite. Non, ce fluide aura plusieurs fois
besoin de repasser dans le cœur et les poumons,
enfin de subir plusieurs circulations, avant de
devenir du véritable sang, et de pouvoir servir
à la nutrition de nos organes. Si donc on considère que les fonctions digestives ont, autant
que toutes les autres, besoin d'une prompte
réparation, pour le maintien de l'équilibre de
l'économie animale, on concevra qu'une assimilation aussi lente, tandis que la disassimila-

tion ne se trouve pas ralentie un seul moment, doit considérablement affaiblir tous nos organes, et que le régime purement végétal, ne doit être exclusivement prescrit que dans des cas de maladie extrêmement rares. Il résulte de ce que nous venons de dire que, sous le rapport physiologique, un seul produit immédiat des substances organiques végétales et animales ne peut suffire à la réparation de nos organes, puisqu'une seule de ces substances ne peut stimuler long-temps la sensibilité de l'estomac, ni par conséquent les forces digestives et de composition, tandis que celles de décomposition deviennent d'autant plus actives que les premières sont plus faibles.

Il faut aussi considérer que les mêmes aliments ne conviennent ni à tous les âges, ni sous tous les climats, et que des substances absolument privées de l'une des parties constituantes de l'air atmosphérique, ne peuvent soutenir notre vie que durant quelques jours.

M. Magendie, dont la science, la philosophie, et le zèle pour les progrès de la médecine font également honneur à la Faculté de Paris,

M. Magendie , dis-je , a nourri plusieurs fois des chiens avec de l'eau distillée et des aliments solides absolument dépourvus d'azote , et ces animaux n'ont pu résister que pendant quelques jours à ce genre de nourriture , et sont morts dans un état de macérie si surprenante que non seulement ils avaient perdu toute leur graisse, mais encore la plus grande partie de leurs chairs.

§ II.

L'homme peut-il, sans s'exposer à des maladies, soutenir long-temps un régime purement végétal ou purement animal ?

Si l'atmosphère au milieu de laquelle nous vivons est indispensable à notre existence, si nous ne pouvons un instant nous dispenser d'en aspirer l'air et de rendre une partie de celui qui est entré en dedans de nous pour vivifier notre sang ; l'atmosphère est toujours là et nous n'avons pas besoin de la chercher, elle nous environne et presse tous les points de la surface de notre corps, elle nous offre d'elle-même tous les éléments qui la composent : elle nous communique par tous les points de l'organe cutané, ou sa fraîcheur, ou sa chaleur, ou son humidité, ou son insalubrité, ou sa salubrité, il faut changer d'habitation et souvent même de climat pour en éviter les inconvénients, c'est-à-dire pour se

soustraire aux miasmes , et aux autres corps
étrangers que ce fluide toujours mobile trans-
porte avec lui ; quant à ses qualités favorables
et indispensables à notre existence, il noussuf-
fit de respirer pour en jouir. Mais comme la
présence des aliments dans l'estomac des animaux n'est pas toujours nécessaire à leur existence, et qu'au contraire cet organe de la
digestion, semblable en cela à ceux de la lo-
comation, a besoin de repos pour réparer ses
forces , et que dans l'état de pure nature l'estomac ne fait sentir le besoin d'une nouvelle
stimulation, que lorsque ses forces sont répa-
rées ; il en résulte que même dans l'état normal l'abstinence volontaire de toute espèce
d'aliment, pourvu qu'elle ne soit pas trop
prolongée, est souvent un grand moyen de
conserver sa santé, et même d'augmenter le
plaisir que tous les êtres animés trouvent à
satisfaire un besoin en rendant celui-ci plus
pressant. Ainsi, tandis que la terre dans laquelle ils croissent, fournit d'elle-même aux
végétaux les substances nécessaires à leur nourriture, elle a imposé aux animaux l'obligation

de chercher souvent bien au loin les aliments qu'ils appètent, et qui sont aussi les seuls qui soient propres à la réparation de leurs organes : elle leur fait ainsi une loi de la tempérance ; loi qu'ils observent tous, car les animaux sauvages rentrent ou dans leur gîte, ou dans leurs tanières, dès qu'ils ont appaisé leur faim, et hors le temps de leurs amours ; ils se couchent et dorment jusqu'au moment où la faim les aiguillonne, les éveille et les force à chercher une nouvelle proie.

Remarquons ici que, dans chaque climat, la nature produit spontanément les plantes et les fruits propres aux animaux herbivores ou granivores qui s'y nourrissent : et que pour chaque espèce elle produit d'elle-même quatre ou cinq variétés de plantes ou de graines qui lui conviennent ; elle n'a donc pas réduit à une seule substance alimentaire les animaux qu'elle a le moins favorisés. La chèvre trouve sur le sommet des montagnes, le chèvre-feuille, le thym, le serpolet, la vigne sauvage, etc. Quatre ou cinq espèces d'herbes et de graines conviennent à chacun des animaux que nous nourrissons dans nos étables pour notre utilité et pour notre commodité. Et nous pouvons observer tous les jours que plus nous varions la nourriture de ces animaux, mieux ils se portent, et plus ils deviennent grands et vigoureux. Le cheval réduit à la paille ou au son maigrirait, et s'affaiblirait d'autant plus promptement qu'il ne tarderait pas à se dégoûter de ces aliments, qui dès-lors cesseraient de stimuler suffisamment ses organes digestifs. Remis au foin ou à l'avoine, il se rétablirait, reprendrait ses forces, son embonpoint; mais bientôt il s'échaufferait, désirerait la paille, ou le son, et si on les lui refusait, il maigrirait, s'affaiblirait et redeviendrait malade par l'excès, comme il l'était devenu par la privation.

Aussi les cultivateurs qui nourrissent des animaux de plusieurs espèces, ont-ils soin de faire provision de plusieurs sortes de substances alimentaires pour chacune d'elles, et de les leur donner sous plusieurs formes différentes, tantôt entières, tantôt hachées, tantôt mouillées, tantôt sèches, et même souvent cuites et mêlées avec des stimulants non nutritifs.

Si une seule espèce d'herbe ne peut suffire à la nourriture des animaux herbivores, comment voudrait-on qu'une des substances alimentaires tirée du règne végétal, ou du règne animal, pût être seule employée à la réparation de nos organes sans que notre constitution fût réduite à cet état de faiblesse d'où naissent toutes les maladies adynamiques?

La fécule qui se trouve en grande quantité dans les graines céréales et particulièrement dans l'orge et le ris, où elle est presque pure et exempte de mélanges étrangers, est une substance très-nourrissante. La fécule s'obtient dans toute sa pureté de tous les végétaux et même de l'arum et de la bryone, où elle est unie à une substance vénéneuse, en malaxant ces végétaux sous un léger filet d'eau. Elle est blanche, pesante, grenue, inodore et insipide, insoluble dans l'eau, et susceptible de se gonfler dans l'eau chaude où elle se convertit en pâte. Dans cet état, cette substance ne

5.

pourrait certainement nous servir d'aliment. Son insipidité nous la ferait rejeter avant qu'elle fût parvenue dans l'estomac, qui d'ailleurs ne la digérerait pas, parce qu'aussi bien que le sens du goût, cet organe a besoin d'un excitant pour remplir ses fonctions. Mais supposons qu'il la digère, et que réduite en chime, elle passe dans les intestins grêles, et que quoiqu'elle ne puisse stimuler le canal cholédoque, les intestins contiennent assez de bile pour qu'elle se convertisse en chyle : comme dans l'état de pureté elle est entièrement alimentaire, elle passera entièrement dans le sang sans laisser dans le tube intestinal le moindre résidu; ainsi ou les parties colorantes résineuses de la bile passeront seules par les voies excrémentielles, ou les gros intestins resteront, faute d'un stimulant convenable, dans un état complet d'inertie.

D'un autre côté, quoique le sang résultant d'un chyle uniquement produit par la fécule pure et par les forces digestives, doive être fort riche en parties assimilables, cependant l'assimilation ne se fera qu'imparfaitement, parce que nos différents tissus ne seront pas suffisamment stimulés pour l'opérer, ainsi les fibres resteront molles, lâches, flasques, grêles, le tissu cellulaire prendra seul de l'accroissement, et toutes nos fonctions se borneront à la digestion, à la respiration, à la circulation, à l'absorption ; la nutrition, l'exhalation et l'excrétion n'auront pas lieu, et bientôt nous tomberons dans un état complet d'adynamie et de prostration.

L'orge, le riz mondé, le sagou qui ne contiennent que de la fécule, sont à la vérité trois aliments qui de tous ceux que nous tirons du règne végétal, passent avec le plus de facilité, et nourrissent le plus promptement, mais ce sont aussi ceux qui nourrissent le moins, et par cette raison ils ne pourraient seuls suffire long-temps à la réparation de nos organes.

D'ailleurs plusieurs praticiens ont observé que beaucoup de personnes ne pouvaient faire usage de riz sans avoir la peau couverte de rougeurs (1).

_____

(1) Lorry, *de Morbis cutaneis.*

Nous ne parlerons pas ici des substances où la fécule est unie à une substance sucrée, telles que l'avoine, les blés sarazins, les châtaignes ; comme elles sont moins nutritives que celles qui contiennent la fécule presque pure, il est aisé d'en conclure qu'elles pourraient encore moins que les premières servir long - temps seules à notre nutrition. D'un autre côté, toutes ces substances ont la malheureuse propriété de se gonfler aisément dans l'estomac et les intestins, d'y laisser dégager une grande quantité de gaz, de produire des aigreurs et des flatuosités et d'être laxatives. Nous ne parlerons pas non plus des aliments où la fécule est unie à une substance extractive et colorante; quoique ceux-ci soient excitants et toniques, ils sont beaucoup moins nourrissants que ceux qui contiennent la fécule pure.

De tous les farineux, celui qui seul pourrait servir le plus long-temps à la nourriture de l'homme, est, comme on l'a déjà vu, le froment (*triticum*) : la fécule y est unie au gluten ; aussi de tous les aliments végétaux, est-il celui qui en Europe sert le plus généralement à la nourriture des habitants. La matière glutineuse qu'il contient a beaucoup d'analogie avec la fibrine animale, et comme la fécule en a de son côté beaucoup avec la gélatine, il en résulte que le pain que l'on fabrique avec le froment, contient les deux principes immédiats de nos organes, qui sont le plus abondamment répandus dans toutes les parties de notre corps. On doit en conclure que de tous les aliments composés de végétaux, le pain est le plus nourrissant(1); et cependant nulle part, ni en Europe, ni en aucun pays du monde, le peuple ne se nourrit de pain seul, ni d'autres composés végétaux : il y unit de la chair, et ajoute encore à celle-ci des substances excitantes, comme assaisonnement.

L'expérience de tous les siècles a prouvé que l'homme, sous quelque climat qu'il se trouve, ne peut vivre long-temps sans inconvénient, ni d'un seul végétal, ni de tous les végétaux alibiles pris successivement. Quelque variété qu'il pût mettre dans cette nourriture,

---

(1) Voy. le Parfait Boulanger, par Parmantier.

elle finirait bientôt par fatiguer son estomac, et par lui devenir insupportable, et il tomberait dans la prostration.

La chair des animaux seule lui conviendrait encore moins : elle produirait trop de chaleur dans l'estomac, et en s'assimilant trop promptement, elle porterait le feu dans toutes les fonctions et causerait des maladies inflammatoires.

§. III.

Des substances excitantes.

Quoique l'osmazome, qui excite et nourrit en même temps, se trouve dans toutes les chairs rouges et fibreuses, il est rare que l'homme ne mêle pas aux viandes dont il fait usage, des substances stimulantes unies aux aliments tirés du règne végétal.

Ces substances sont prises ou parmi les végétaux qui ont une odeur aromatique, jointe à une saveur piquante et chaude; ou parmi ceux qui ont une odeur piquante et une saveur âcre ; ou enfin parmi ceux qui à une odeur aromatique joignent une saveur amère. Tels sont: 1°, le thym, la marjolaine, les semences d'anis, de coriandre, le poivre, la cannelle, le girofle, la vanille, le gingembre, les écorces d'orange, de citron, la noix muscade, etc.;

2°, la racine de raifort sauvage, le cresson de fontaine, le cresson alenois, la graine de moutarde, l'ail, etc.; 3°, l'absinthe, les feuilles d'oranger, de laurier. Les premières se font remarquer par une forte proportion d'huile volatile; les deuxièmes joignent à cette proportion d'huile volatile, un principe extractif et amer; et les troisièmes contiennent du mucilage, de la fécule, et surtout une huile essentielle d'une nature particulière.

Toutes ces substances aiguillonnent puissamment le palais, et ont un grand empire sur l'action de l'estomac; stimulé par ces agents, cet organe prend un surcroît de vie; sa sensibilité et sa caloricité se développent. S'il est vide, cette grande vitalité fera naître le sentiment de la faim, et donnera plus d'énergie aux forces digestives.

Si, au contraire, il est rempli d'aliments, ces excitants accélèrent le travail de la digestion, et influent sur l'acte vital qui forme le chyle. C'est ce que nous éprouvons tous les jours.

L'activité de l'appareil circulatoire se développe davantage; le cœur se contracte plus vîte et plus fortement, et l'impulsion communiquée à la masse sanguine est plus vive.

L'action de ces agents est encore plus prononcée sur le système capillaire; la sensibilité de ces petits vaisseaux est augmentée, et le sang pénètre dans les canaux les plus déliés de nos tissus.

La respiration, elle - même, devient plus prompte, et dans un temps donné, il se fait un plus grand nombre d'inspirations et d'expirations, une plus grande portion d'oxigène pénètre dans les valvules pulmonaires, et la conversion du sang veineux en sang artériel est plus prompte et plus parfaite.

Il est certain que l'action des absorbants tant intérieurs qu'extérieurs devient aussi plus active. Mais pour ne nous occuper ici que de ce qui se passe sur les surfaces muqueuses des organes digestifs, on peut être assuré que les bouches absorbantes qui y sont très-multipliées se sont chargées des molécules volatiles des substances nutritives, les ont fait pénétrer dans la masse sanguine qui les répand à son tour dans toute la machine vivante.

Il n'est pas moins certain que les molécules de ces substances excitantes vont aussi augmenter les propriétés vitales des organes de l'exhalation et de l'excrétion dont les produits deviennent plus considérables. En effet, on trouve ces molécules mêlées aux matières alvines, et même à celles de la transpiration insensible : elles y manifestent leur présence par leur odeur volatile et leur couleur.

Il paraît que les parties des substances excitantes qui ont pénétré dans tous nos organes avec le sang artériel, résistent à l'action assimilatrice; mais elles augmentent l'énergie de cette action dans les tissus organisés, et les principes nourriciers sont forcés de s'y soumettre; ainsi ce liquide réparateur ne parcourt pas en vain tous les points de la machine animale, comme il arrive chez tous les individus où cette force est peu considérable. Il est d'ailleurs constant que les chairs des animaux conservent l'odeur et la saveur des plantes aromatiques et excitantes dont ils ont fait usage.

On voit que si les excitants ne contiennent point de principes nourriciers, ils n'en favorisent pas moins la nutrition en augmentant l'énergie et la force de toutes les fonctions de l'économie; ce n'est donc point uniquement pour flatter leur palais que les hommes mêlent des excitants à leurs aliments, mais pour donner plus d'énergie à la fibre des solides et plus d'activité à la circulation des fluides. Ces agents d'ailleurs mêlés aux aliments en augmentent la variété, sans en multiplier le nombre; tous les peuples, même les plus tempérants, font usage de stimulants, comme assaisonnements de leurs mets, et les austères Spartiates avaient leur brouet noir.

Ainsi blâmons l'abus que l'on peut faire de ces substances, mais ne soyons pas plus austères que Lycurgue; n'en condamnons pas l'usage.

Plusieurs législateurs politiques ou religieux ont diminué pour les peuples le nombre des aliments en leur interdisant l'usage de quel-

ques-uns et de certaines boissons ; mais l'abstinence de certains aliments pendant quelques
jours de l'année n'est-elle pas une manière
de forcer les hommes à varier leur nourriture , et nous pouvons croire que ceux
qui en ont fait une loi sentaient combien
cette diversité est importante au maintien de
la santé. Que l'on s'abstienne de chair pendant deux jours de la semaine, cela peut être
dur pour le pauvre, mais ce n'est peut-être,
pour le riche , qu'une occasion de charger
sa table d'aliments plus délicats, qu'il relève
par les assaisonnements les plus échauffants
et les plus âcres.

On prétend que les Pythagoriciens s'abste-
naient de la chair des poissons et même de
certains légumes, tels que les fèves que Pythagore trouvait trop nourrissantes ; mais cette
fable nous est arrivée, ainsi que beaucoup d'autres , dans des écrits qui ne méritent aucune
confiance ; et le carême des chrétiens est rarement observé dans toute sa rigueur même par
ceux qui le prescrivent avec le plus de zèle.

Il est certain que dans l'esprit des philosophes et des législateurs, la proscription de certains aliments, à certains jours de la semaine ou du mois et à certaines époques de l'année, est fondée sur les lois les plus positives de l'hygienne. En effet, à l'époque du printemps où la terre se couvre de végétaux, et où les animaux sont généralement pénétrés d'une nouvelle chaleur, et du violent désir de se reproduire, les premiers sont pleins de sucs excitants et de substances alimentaires, tandis que la chair des seconds se trouvant pénétrée dans ses parties les plus déliées d'une chaleur vitale trop active, deviendrait un aliment échauffant et nuisible, surtout à une époque où la nature porte dans tous les corps organisés une nouvelle chaleur et une nouvelle vie.

On voit par-là que les saisons et les climats doivent avoir une grande influence sur le régime alimentaire. Si les peuples du Nord étaient réduits au régime végétal, ils ne résisteraient pas à la rigueur des climats sous lesquels ils habitent; et si ceux du Midi ne vivaient que de chair, on verrait bientôt la chaleur animale, jointe à celle de l'atmosphère,

consumer tous les individus. Mais chez les uns
et chez les autres le mélange de la chair et des
aliments végétaux est également nécessaire à
la nutrition et à la santé ; seulement les proportions de ce mélange doivent changer : je
veux dire que dans les climats très-chauds, où
d'ailleurs tous les végétaux sont remplis de
sucs excitants, les hommes doivent peu manger de viande, tandis qu'elle devient d'autant
plus indispensable aux habitants du Nord, que
sous cette température, ces végétaux contiennent peu de principes stimulants, et que la
chair des animaux y contient peu d'osmazome. En général, la nature produit dans chaque
climat les aliments qui conviennent à ses
habitants, elle fournit en chaque saison les
fruits les plus convenables à sa température.
Ainsi les fruits acides croissent dans les pays
chauds, la cerise mûrit en été, et le lourd marron
mûrit en automne et se conserve pour l'hiver.
Nous remarquerons, toutefois, que la vigne
est indigène des pays chauds, où l'usage du vin
est moins utile que dans les pays froids et humides ; mais il faut dire aussi que le vin est

un produit de notre industrie, et que d'ailleurs les habitants des pays où la vigne est indigène tirent un grand avantage de cette liqueur pour leur santé lorsqu'ils en font un usage modéré.

En conseillant aux hommes de varier leur aliment et d'user de diverses espèces de substances animales et végétales, je risque fort de passer pour un vrai disciple d'Epicure, et certainement j'aurais grand regret de donner de moi une semblable idée.

Quand je conseille la diversité dans les aliments, et même l'usage d'une certaine quantité d'excitants, je ne prétends pas conseiller l'intempérance ni la profusion; mais, puisqu'il est vrai que la nature varie ses productions, non-seulement suivant les climats et les saisons, mais encore selon les mois de l'année, je prétends que l'homme suive la même marche dans ses aliments, et qu'autant qu'il lui sera possible, il se nourrisse des fruits de la saison et du climat; qu'il choisisse parmi les chairs des animaux, celles qui seront les plus agréables à son goût, et les plus faciles à digérer. Je ne lui conseille pas de charger sa table

d'un grand nombre de mets, je voudrais
au contraire qu'un plat ou deux légèrement
assaisonnés, lui suffissent chaque jour; mais
qu'il n'usât pas pendant des mois entiers d'une
seule substance alimentaire.

Pour prouver combien la diversité est utile
dans ce cas, nous ferons remarquer que,
dans les grandes villes, à Paris par exemple,
dans les quartiers où les rues sont étroites,
l'air humide et malsain, les scrophuleux,
les scorbutiques se trouvent toujours parmi
les individus que leur misère réduit à se
nourrir ordinairement des aliments les moins
substanciels et les moins excitants. Ils succombent à l'insalubrité et à l'humidité de l'air, tandis qu'on y voit résister ceux de leurs voisins à
qui leur fortune permet d'user de substances
plus nourrissantes, et de les varier aussi souvent qu'ils le désirent. Dans la Suisse, les Cretins
se trouvent presque toujours parmi les malheureux qui n'ont pas le moyen de varier leurs
aliments. La continence n'est pas toujours la
cause de l'hysterie et de la chlorose auxquelles
sont sujettes les jeunes religieuses ; il faut aussi

compter pour beaucoup le régime alimentaire des couvents, et l'abstinence de certaines substances excitantes qui auraient déterminé l'écoulement menstruel, et prévenu l'invasion de ces névroses.

Ce n'est pas seulement parce que les marins sont entassés dans les entreponts pendant le temps de leur sommeil, parce que dans les voyages de long cours, ils font usage de viandes salées, qu'ils sont si sujets au scorbut; mais c'est surtout parce qu'ils se nourrissent toujours de la même substance. Et en effet on a toujours remarqué que les officiers des vaisseaux qui ont soin de varier leur nourriture sont rarement sujets à cette affection adynamique.

Dans les casernes le scorbut devient souvent endémique; mais les soldats qui, recevant de l'argent de leur famille, ont le moyen et la précaution de prendre de temps à autre d'autres substances que celles de l'ordinaire, et quelques boissons excitantes résistent ordinairement à cette maladie ; il serait donc fort à désirer qu'en garnison et en campagne les ca-

6.

pitaines veillassent à ce que les soldats de leurs compagnies variassent leurs aliments, et ne se nourrissent pas toujours, comme ils font dans la plupart des garnisons, de pain, de soupe, de viande et de pommes de terre.

De là nous sommes en droit de conclure qu'une seule substance alimentaire ne peut suffire à l'entretien de nos organes, et qu'il est essentiel que nous variions nos aliments. La diversité et la sobriété sont les bases principales de la santé.

CHAPITRE VIII.

De l'Influence des Aliments sur les facultés morales et sur la vie extérieure.

L'EXPÉRIENCE et l'observation démontrent tous les jours, que les aliments lourds, froids, et d'une difficile digestion, s'opposent momentanément à l'exercice des facultés intellectuelles, et que ceux qui en font habituellement usage montrent rarement beaucoup d'esprit et d'intelligence.

On a prétendu que Pythagore et les philosophes de sa secte se disposaient à la contemplation par l'abstinence; en effet, nous savons que les ermites, les moines, les caloyers, les fakirs, les bonzes, les derviches et les autres solitaires contemplatifs des climats les plus chauds se livrent à de longs jeûnes; mais chez eux, la contemplation n'est qu'une sorte d'extase et de manie, qui ne les conduit qu'à des rêveries plus ou moins extravagantes, et dont il ne résulte rien d'utile pour le genre humain, ni par conséquent de digne des grandes vues que paraît s'être proposées la Divinité en jetant l'homme sur la terre, et en lui commandant de l'embellir, et de l'enrichir par ses travaux. Il se peut que le jeûne exalte l'imagination, mais c'est toujours en affaiblissant les autres facultés intellectuelles; et je ne consentirai jamais à croire qu'en affaiblissant son corps, l'homme augmente les forces de son esprit : le système sensitif et de rapport ne fait-il pas partie de ce corps; et l'intelligence peut-elle rien produire de grand avec des sens altérés, qui sont ses organes; et des membres affaiblis, qui sont ses instruments? Les lois de Pythagore pourraient bien n'être que des fables, aussi bien que celles de Lycurgue; et il pourrait bien se faire que le législateur de Crotone fût un être aussi fabuleux que sa cuisse d'or, et que tant d'autres prétendus philosophes, auxquels on attribue une foule d'idées extravagantes, que rejette la saine critique.

Que penser, en effet, de Lycurgue, qui avait en quelque sorte banni les arts, qui élèvent l'esprit de l'homme, pour rendre les citoyens plus vertueux; qui avait ordonné que les enfants mal constitués fussent mis à mort, comme si cette loi n'était pas faite pour éteindre dans le cœur des Spartiates jusqu'au moindre sentiment d'humanité ; qui avait voulu établir l'égalité des propriétés, comme si les mots propriété et égalité ne s'excluaient pas mutuellement. Que penser d'un Pytha-gore, qui respectait la vie des animaux à l'égal de celle de l'homme : comme si l'homme n'était pas fait pour jouir de tous les biens qui existent sur la terre! Que penser, dis-je, de ces deux hommes? qu'ils n'ont jamais existé que dans l'esprit de ceux qui sont bien aises de trouver quelques appuis à leurs rêveries.

Nous ne pouvons nous dissimuler que la sobriété est à la fois, la source des forces physiques et des forces morales; mais la sobriété n'est pas l'abstinence : c'est une vertu qui condamne l'abus des aliments, mais qui n'en condamne pas l'usage.

On a souvent répété que les hommes d'esprit étaient, pour la plupart, d'une constitution grêle et faible; nous ajouterons nous-mêmes à cette observation, que les enfants disposés aux affections scrofuleuses, montrent ordinairement une intelligence très-précoce, et qu'en général, les femmes ont l'esprit plus vif que les hommes : mais nous remarquerons à cet égard, que les hommes d'une constitution grêle et faible n'étant pas propres à se livrer aux travaux qui exigent l'emploi d'une grande force musculaire, sont naturellement portés à se livrer aux occupations qui n'exigeant qu'un exercice modéré, appelant peu de sang dans les membres, soit thoraciques soit pelviens, permettent à ce liquide réparateur de se porter avec plus d'abondance vers le centre cérébral, où il excite l'imagination, et met en jeu toutes les facultés passives et actives du système sensitif. Nous remarquerons de plus, que les hommes qui prennent peu d'exercice, qui se tiennent habituellement renfermés dans leur habitation, ont en général, les extrémités nerveuses qui s'épanouissent sur toute la surface cutanée, plus développées que ceux qui se livrent en plein air, à des exercices fatigants, et que, par conséquent chez eux, les impressions doivent être plus vives, plus. nombreuses et plus mobiles.

Cette sensibilité excessive et cette mobilité des idées, occasionnant plus de mouvement dans le cerveau, y doit aussi appeler une plus grande quantité de sang artériel. Et en effet, ces hommes d'une constitution faible et grêle, lorsque d'ailleurs ils ne sont sujets à aucune affection pathologique, ont ordinairement beaucoup de mémoire et d'imagination, mais peu de force dans le raisonnement et de solidité dans l'esprit ; et par la même raison, sous ce rapport, ils se rapprochent beaucoup des femmes, qui ont les idées vives et la conception prompte, mais peu sûre. Mais, chez les premiers comme chez les secondes, l'action du centre sensitif n'éprouve pas de la part des autres fonctions une réaction suffisante, pour que les impressions et les mouvements cérébraux qui en résultent, aient une certaine durée; il en résulte que, chez les uns comme chez les autres, les idées et les déterminations, qui en sont la conséquence nécessaire, doivent être promptes, faibles et fugitives. Et en effet, comment se pourrait-il faire, que des êtres sensibles à tous les agents extérieurs, pussent livrer leur attention aux impressions qu'ils reçoivent, lorsque ces impressions se succèdent avec une rapidité qui ne permet à aucune d'elles de laisser des traces profondes dans l'esprit? Quant à la précocité des enfants disposés au scrofule et au rachitisme, cette précocité dépend du volume du cerveau, ordinairement plus considérable chez eux que chez les enfants bien constitués. Et d'ailleurs cette précocité n'a pas lieu seulement pour les fonctions intellectuelles, elle se fait surtout remarquer dans les organes de la génération ; et j'ai souvent observé que presque tous les enfants d'une constitution scrofuleuse étaient adonnés à la masturbation; ce qui ne contribuait pas peu à les conduire à la mort, et que d'ailleurs ces enfants d'un esprit si subtil, d'une imagination si vive, dégénéraient avec le temps, et devenaient idiots à l'âge de la puberté.

D'un autre côté, qu'un homme soit faible et grêle relativement aux autres individus de son espèce, cela n'empêche pas que sa force personnelle ne soit très-grande, si les fonctions de l'économie sont chez lui dans un équilibre parfait, c'est-à-dire, si elles exécutent l'une sur l'autre l'influence mutuelle nécessaire au mouvement de chacune d'elles, et à celui de leur ensemble ; c'est-à-dire, si aucune n'a sur les autres une prédominence toujours contraire à l'harmonie générale.

L'observation prouve que chez les individus d'une petite taille, la circulation est beaucoup plus accélérée que chez ceux d'une taille plus grande, par conséquent le fluide vital y parcourt avec plus de rapidité toutes les parties dans lesquelles la force du cœur l'envoie, et par la même raison les impressions y arrivent plus promptement au centre cérébral; car bien que les nerfs soient les organes des rapports de l'homme avec lui-même et avec l'univers entier, rien ne démontre que les impressions soient le résultat d'un mouvement du fluide nerveux, concentrique ou excentrique comme l'est celui du sang : et il est prouvé par l'observation que la rapidité des sensations dépend de celle de ce liquide, puisque la vie et par conséquent la sensibilité et le mouvement sont anéantis dans les parties qu'il cesse de parcourir.

On peut conclure de là que ceux qui ont proposé de diminuer les forces du corps par l'abstinence, pour augmenter celles de l'esprit, n'ont véritablement fait qu'une proposition absurde; que Pythagore, à supposer qu'il ait existé, était un fou, et que ceux qui osent encore proposer aujourd'hui comme un modèle le prétendu système de ce philosophe, sont des hommes qui, quels que soient leur mérite et leur réputation, ou se trompent euxmêmes ou veulent tromper le public, et qu'au lieu d'écrire des livres de physiologie,

ils n'écrivent et ne publient que des romans.
Il y a cette différence entre l'abstinence et la
sobriété, que celle-ci est toujours nécessaire au
maintien de la santé, et que celle-là n'est jamais nécessaire qu'aux malades, aux conva-
lescents et aux individus d'une mauvaise constitution.

Nous avons déjà fait observer que les facultés intellectuelles semblent devenir moins actives et moins libres à mesure que l'estomac
se remplit d'aliments, qu'elles sont pour ainsi
dire anéanties quand il est surchargé et que
les forces locomotrices perdent elles-mêmes de
leur intensité et de leur énergie; nous allons
rendre raison de ce phénomène qui n'a pas
besoin d'autres preuves que les faits dont chaque être doué de raison peut tous les jours
faire l'expérience sur lui-même.

CHAPITRE IX.

De l'Équilibre des fonctions.

L'ÉQUILIBRE des fonctions constitue leur état normal ; mais cet équilibre n'existe véritablement que dans l'état d'un sommeil profond , lorsque la digestion est faite, lorsque l'imagination n'est troublée ni par des songes agréables , ni par des songes fâcheux , et lorsque tous nos sens sont fermés aux impressions des objets extérieurs, aussi bien qu'à celles qui résultent du sens intime ; cet état d'équilibre n'est donc que de peu de durée chez l'homme; car le sommeil profond , le seul pendant lequel cet équilibre soit maintenu, ne se prolonge guère au-delà de quelques heures. Celles qui précèdent cet état , je veux dire le temps que nous mettons à passer de l'activité au repos et au sommeil profond, sont toujours accompagnées d'un sentiment quelquefois de volupté, d'autres fois de douleurs, et celles-ci se renouvellent toutes les fois que nous passons du sommeil profond au réveil parfait.

Il semblerait, d'après ce que nous venons de dire, que la constitution de l'homme ne se trouve dans un état parfait d'équilibre qu'au moment même où les corps extérieurs n'agissent que faiblement sur les sens. Cette proposition peut passer en général pour une vérité; car il est constant qu'au moment du réveil l'équilibre cesse. Mais avant d'examiner cette seconde proposition, qui est toujours exactement vraie, voyons s'il en est de même de la première.

Nous avons dit que dans l'état d'un sommeil profond, et même très-profond, le centre cérébral de l'homme, lorsque celui - ci est couché convenablement, était entièrement fermé à toute espèce d'impression venant des objets extérieurs. Et cela doit être si ces objets n'ont pas eu la puissance d'empêcher l'individu de

tomber dans cet état d'inaction cérébrale dont
peut-être on n'aurait pas d'exemple, si l'on ne
consentait pas à borner l'action encéphalique
aux mouvements qui résultent d'une détermination volontaire, et par conséquent plus ou
moins réfléchie.

On sait qu'en général dans le temps où les
sens sont les plus inaccessibles aux impressions
des objets extérieurs, et où l'homme s'est par
son art mis le plus à l'abri de ces impressions,
il lui arrive souvent de combiner des idées
disparates, et de se livrer à des actions qui
ne dépendent nullement de sa volonté, ni par
conséquent des perceptions qui peuvent être
chez lui le résultat des impressions provenant
des objets extérieurs.

Cette considération, fondée sur des observations dont on ne peut contester l'innombrable quantité, prouve évidemment que nos
actions sont moins souvent déterminées par
les objets extérieurs, que par ce qui se passe
en nous-même, et qu'assez ordinairement nos
déterminations, et les faits qui s'ensuivent,

sont dans certains cas indépendants de notre volonté.

En effet, il nous arrive durant le sommeil de goûter des plaisirs imaginaires, qu'au réveil nous sommes fâchés de considérer comme des songes, dont l'impression des objets extérieurs nous ait privés; et il nous arrive aussi dans ce même état, d'éprouver des chagrins moraux, et des douleurs physiques, dont nous sommes heureux que le réveil nous ait délivrés.

Dans l'une et l'autre de ces circonstances, il est certain qu'aucun de nos sens de rapport n'a la moindre influence actuelle sur ce que nous éprouvons, ni sur les actions auxquelles nous nous sommes livrés.

Si malgré ces considérations l'on voulait soutenir que la volonté est la cause unique de nos déterminations, il faudrait soutenir aussi que c'est dans l'encéphal que résident toutes les causes, soit prochaines soit éloignées, de nos mouvements. Mais, comme il est démontré par un grand nombre de faits

bien constatés, que la cause de nos mouvements volontaires réside bien réellement dans
l'encéphale, mais que celle des mouvements automatiques, passionnés et conséquemment in-
volontaires, réside uniquement dans la moelle
épinière, qui, pour être soumise à la volonté,
n'en est pourtant pas le siége; nous sommes
obligés de chercher ailleurs que dans nos facultés morales et intellectuelles, le principe de
tout ce que nous éprouvons, et de tout ce que
nous faisons pendant le sommeil.

Ceci mérite d'être examiné avec plus d'attention qu'on ne lui en a donné jusqu'à présent, et ce que nous allons dire à ce sujet, sera
fondé sur les expériences les mieux constatées,
et détruira complètement le système ingénieux, mais exagéré, du docteur Gall; système
que d'ailleurs nous considérons comme fondé
sur l'expérience, dans un grand nombre de
circonstances absolument étrangères à celles
dont il s'agit spécialement ici.

Il est bien certain qu'en sortant d'un état de
sommeil pendant lequel les objets extérieurs
n'ont pu agir sur nos sens de manière à pro-

voquer des déterminations qui soient le résultat nécessaire de la volonté, aucune des impressions que nous avons reçues, n'a été produite
par les objets extérieurs, dont la propriété est
d'agir directement sur les sens qui nous mettent en rapport avec ceux de ces objets qui
sont plus ou moins éloignés de nous, tels que
les sens de la vue et de l'ouïe, de l'odorat et
même du goût. Néanmoins, nous considérons
ces objets comme présents ; ils produisent du
moins chez nous, des déterminations semblables à celles qui pourraient résulter de leur
présence, c'est-à-dire, que par exemple, nous
semblons faire des efforts pour nous approcher d'un objet qui nous plaît ou pour fuir
celui qui nous paraît être dangereux : mais
ces efforts sont toujours aussi illusoires que
les impressions et les déterminations qui les
produisent, en sorte que, la plupart du
temps, ils restent sans effets : aussi au réveil, est-il rare que nous conservions un souvenir bien exact de ces impressions ou de
ces déterminations. Les sensations imaginaires
d'où résultent des effets positifs, tels que les

changements de position , de droite à gauche,
ou de gauche à droite , les mouvements de
progression et de station chez les somnam-
bules, l'émission de la semence ou du moins
la sensation qui en résulte dans les rêves
amoureux ; les sons plus ou moins bien arti-
culés qui se font entendre dans d'autres ; enfin,
tous ces mouvements plus ou moins réguliers
des organes de la locomotion , ne sont pas le
résultat de la volonté , c'est-à-dire d'une détermination raisonnée. Elles supposent toujours
dans les organes précordiaux , épigastriques,
hypogastriques, ou dans ceux de la génération,
quelque embarras causé ou par trop d'excitation , ou par le défaut de la stimulation qui
leur est nécessaire.

Dans tous les cas, quoique les sens extérieurs soient, ainsi que l'encéphale, dans un
état de repos complet , on peut assurer qu'il
se passe dans l'un ou l'autre des plexus formés
par le grand sympathique et la huitième paire
cervicale des impressions résultant de l'une
ou de l'autre des causes que je viens d'indiquer, et que ces causes réagissant sur les nerfs,

de la moelle épinière par les nombreuses anastomoses qui les lient aux filets du grand sympathiques, produisent des effets analogues à ceux qui pourraient résulter sur cette moelle, d'un ordre de la volonté : je dis analogues, parce qu'ils le sont en effet. Mais ils ne sont pas semblables, parce que dans l'état normal les mouvements volontaires sont toujours réguliers, à moins qu'il n'y ait lésion du cervelet (1), tandis que ceux qui résultent de l'action du centre-épigastrique sur la moelle épinière, sont toujours convulsifs, comme par exemple dans l'épilepsie, l'hystérie, l'hypocondrie et d'autres affections nerveuses ou comateuses dans lesquelles les fonctions de l'encéphale sont pour ainsi dire anéanties, sans que cependant les mouvements de la vie et même ceux des organes de la locomotion cessent d'avoir lieu, ni que la sensibilité générale sans laquelle les mouvements ne sauraient s'exécuter, ait été lésée en quelque manière que ce

_____

(1) Nous reviendrons plus loin sur cette observation.

soit. Il est très-vraisemblable que les lobes
encéphaliques, c'est - à - dire, les parties de
l'organe cérébral où se réunissent les sensations du goût, de l'odorat et de la vue, etc.,
n'ont point une part directe aux impressions
et aux mouvements qui ont lieu durant le
sommeil, que ces mouvements résultent de
l'action qu'exercent les plexus du grand sympathique sur la moelle épinière, et que le souvenir que nous pouvons conserver de ces impressions et de ces déterminations, est le résultat de la réaction de cette moelle sur l'encéphale. Ainsi donc que les mouvements que
nous exécutons ou que nous imaginons exécuter pendant nos songes, sont irréguliers,
parce qu'ils ont lieu avant que la volonté ait
pu y prendre part, et si cependant nous en
conservons un souvenir plus ou moins clair, il
résulte de la réaction que la moelle épinière
exerce sur l'encéphale après la production de
ces mouvements réels ou imaginaires. Cette
réaction n'a pas lieu dans les accès d'épilepsie,
et c'est pour cela que les épileptiques ne conservent ordinairement aucun souvenir de ce

qu'ils ont éprouvé pendant ces accès. Des déterminations semblables se manifestent d'ailleurs dans le fœtus, sans que l'on puisse dire qu'elles aient eu pour cause première, aucune des sensations produites par l'univers extérieur auquel cet être renfermé dans l'utérus est parfaitement étranger; mais, chez lui, le sens intime, le sens qui résulte des impressions produites par les viscères de l'abdomen et du thorax, sur le système nerveux, existe isolé et jouit d'une énergie d'autant plus grande que sa puissance n'est contrebalancée par aucune force qui lui soit étrangère. Ainsi les mouvements automatiques du fœtus dont la mère ressent quelfois les violentes impressions; ceux des enfants nouveaux-nés, ceux des adultes même durant leur sommeil, n'ont jamais lieu que par la seule influence des visures abdominaux sur la moelle épinière.

On peut donc sans craindre de s'éloigner de la vérité, conclure de ces observations, que les songes et les rêves, et les déterminations qui les accompagnent, ont pour causes prédisposantes l'état d'excitation dans lequel se

trouve le sens intime, tandis que les autres
sont plongés dans une sorte de léthargie: de
là le délire et l'état convulsif qui accompagnent
ordinairement les maladies inflammatoires des
viscères de l'abdomen, et ces hallucinations
auxquelles les têtes les plus fortement organisées sont sujettes dans toutes les phlegmasies
meningo-gastriques, ou pour m'exprimer plus
clairement, dans la plupart des congestions
cérébrales.

CHAPITRE X.

Du réveil.

Mais pour revenir directement à mon objet, dont aux yeux vulgaires ces considérations pourraient paraître m'avoir éloigné, je
dis que l'état d'un sommeil profond étant
celui de l'absence de toute impression produite
soit par les objets extérieurs, soit par le sens
intime, est toujours exempt de songes, soit
pénibles soit agréables.

Chacun peut se convaincre par sa propre
expérience que je n'ai rien avancé dans le cha-
pitre précédent qui ne soit fondé sur les observations les plus exactes, les plus nombreuses et
les plus faciles à vérifier. Quand nous sortons
d'un sommeil agité par des illusions agréables,
nous voudrions pouvoir nous y plonger de
nouveau, et nous regrettons nos songes comme
s'ils eussent été des réalités : mais nos sens extérieurs nous font reconnaître la triste vérité, et

le réveil nous est pénible ; nous ressemblons
à ces maniaques qui dans leur délire se croient
au comble de la félicité humaine, et détestent
le médecin qui a détruit leurs illusions. Sor-
tons-nous au contraire d'un sommeil agité
par des songes pénibles, le réveil nous paraît
agréable, et nos sens extérieurs nous font
reconnaître la vanité du danger dans lequel
nous croyions être, et cependant nous nous fé-
licitons d'en être échappés. Mais dans l'un et
l'autre cas nous éprouvons une sorte de lassi-
tude dans tous les muscles volontaires, qui dé-
noncent les efforts plus ou moins pénibles, et
presque toujours inutiles que les nerfs de la
moelle épinière ont exercés pour les mettre en
mouvement.

Je ne connais point d'état plus pénible que
celui qui succède à ces songes affreux, avant
que le réveil des facultés intellectuelles ait
complètement convaincu de leur fausseté. On
en sort quelquefois comme d'un état convulsif, la respiration haletante, et le corps cou-
vert d'une sueur froide.

Après un sommeil paisible, c'est-à-dire,

après un état plus ou moins long, durant lequel aucune des parties du système sensitif n'a été agitée ni par les objets extérieurs ni par aucune des fonctions abdominales, et durant lequel la vie s'est trouvée en parfait équilibre dans tous nos organes, le réveil est toujours plus ou moins désagréable, tant il est vrai que l'état de repos est celui que la nature préfère ; mais ce réveil n'est jamais accompagné d'aucune impression fâcheuse, si ce n'est de celle qui résulte toujours du passage d'un état d'équilibre dans les fonctions à la prédominence de l'une d'elles ou de plusieurs d'entre elles sur les autres.

Tous les sens et toutes les fonctions sortent ensemble ou simultanément de l'état de repos pour les uns, et d'harmonie pour les autres, dans lequel ils étaient doucement ensevelis. Le peintre court à ses couleurs et à ses pinceaux, l'artisan aux instruments de son métier, l'homme de lettres à sa plume et à ses livres, chacun se livre aux fonctions de sa profession, en attendant que l'estomac vide d'aliments fasse sentir le besoin impérieux de la

faim ; alors les fluides qui s'étaient portés au
cerveau chez les individus dont la profession
est d'exercer leurs facultés intellectuelles , et
vers les muscles locomoteurs chez ceux dont
le métier exige de grands et de violents mouvements , se portent vers les organes de la digestion , qui se trouvent plus ou moins stimulés par la présence des sucs gastriques.

§. I.

Du besoin d'aliments après le sommeil et du pouvoir des excitants.

La présence des aliments produit sur les organes digestifs une stimulation plus puissante après le réveil que dans toute autre circonstance; cette stimulation est en raison composée du besoin qu'ils en ont, de leur force vitale et des rapports que les propriétés de ces aliments ont avec cette force vitale. On observe en général que durant tout le temps que l'injestion des aliments dans le ventricule de l'estomac a lieu, il est rare que l'importante opération de la digestion commence, et que d'ailleurs cette opération n'est jamais arrivée à son terme que deux ou trois heures après le repas. Ici une question se présente naturellement; c'est celle de savoir pourquoi l'estomac ne convertit pas en chyme dès leur premier abord, les aliments qu'il a reçus par les voies de la déglutition? Cette question n'est pas d'une solution aussi difficile qu'on pourrait le croire. Pour tout

homme qui ne mange que pour son besoin, dont
les organes digestifs sont dans un état normal
et dont l'attention sur ce qui se passe en lui-
même n'est pas absorbée par le plaisir que lui
procure le sens du goût, ou seulement celui
qui résulte de la satisfaction de ce besoin ; il
est bien évident que la chaleur animale qui
pendant le temps de sa faim, s'était portée du
centre à la circonférence, commence au contraire à se concentrer vers les organes digestifs
et les autres viscères qui en dépendent. Dès le
moment où l'injestion des aliments a com-
mencé, cette chaleur se concentre progressivement tant que la faim dure ou plutôt tant
que dure le besoin de manger. Mais dès qu'il
est satisfait, elle se porte vers les parties du
ventricule qui se trouvent en contact avec
les aliments nouvellement introduits ; elle les
pénètre successivement à mesure qu'ils arrivent, et n'agit plus sur les premiers. Ceux-ci
n'éprouvent alors que l'impression des sucs
gastriques et du mouvement musculaire de
l'estomac ; de là vient que la digestion ne
commence véritablement que lorsque l'in-

dividu a cessé d'introduire dans son estomac de nouvelles substances alimentaires. Quand cette opération commence, toutes les forces vitales paraissent se concentrer vers les organes dans lesquels elle a lieu. Ce changement se fait remarquer chez tous les animaux par un degré de froid plus sensible à leur périférie et à leurs extrémités, et surtout par une propension au sommeil à laquelle n'échappent pas même ceux qui sont plus timides, et par conséquent d'une plus grande susceptibilité nerveuse que les autres, à moins toutefois qu'une sensation vive ne force le sang à se diriger vers le centre nerveux, et de là vers les muscles et les organes locomoteurs. Après un repas un peu copieux, les hommes de tous les pays éprouvent une sorte de frisson, que les ignorants appellent un signe de bonne digestion lorsqu'il est violent, et qui n'est au contraire dans ce cas pour les personnes de bon sens qu'une preuve d'intempérance; à la vérité ce refroidissement des parties externes a toujours lieu, après le repas le plus frugal, par la raison toute simple qu'alors l'excitation établie tant par les aliments dans le tube intestinal que par le chyle sur toutes les bouches absorbantes des surfaces muqueuses de ce tube, y appellent nécessairement une quantité de sang qui ne peut se porter alors aux surfaces extérieures. Mais alors il est peu sensible. Pendant tout le temps que cette fonction, la première et la plus importante de toutes, est en pleine action, le mouvement de toutes les autres est plus ou moins ralenti. Les excrétions, les exhalations ne se font pas, la circulation est ralentie ou s'opère par secousses, le pouls est lent et plein, les facultés intellectuelles sont dans un état de torpeur remarquable, et l'homme, comme les animaux, tombe dans un état de somnolance auquel sa paresse le fait céder dans les climats chauds même de l'Europe, et auquel dans les climats tempérés, où il est plus porté au travail par son intérêt il cherche à échapper, et n'échappe pas toujours par l'usage de certains excitants, tels que la décoction de café, l'infusion de sauge, de mélisse, de menthe, etc., qui seraient trop violentes sous les températures telles que celles de l'Italie, de

l'Espagne et du Portugal. Il faut remarquer que tous ces excitants dont ne font
jamais usage ni les Napolitains, ni les Portu-
gais qui cèdent tranquillement au sommeil, ne
suffisent pas pour y faire échapper les Russes,
les Hollandais, les Suédois, les Danois, quoiqu'ils en fassent un usage excessif. Il résulte
de là que c'est seulement dans une faible
partie de l'Europe que l'usage du café admis
dans la plupart des maisons aisées, suffit pour
tirer l'homme de l'état de somnolance dans
lequel il tomberait au moment de la digestion.

Les excitants, tels que le poivre, la noix
muscade, etc., qui n'ont d'action que sur les
organes digestifs, sont très-usités dans les pays
voisins de l'équateur, où cependant le régime
végétal est préféré à tout autre. Mais ils augmentent les forces de l'estomac et des autres
intestins sous ces climats où elles sont réduites à leur moindre degré ; ils facilitent la
digestion , et empêchent que les habitants
ne soient, comme l'étaient jadis une foule de
moines oisifs, réduits à la triste et unique
condition de manger et de dormir. Ils excitent

leur imagination aux dépens de leur raison;
de là vient que dans ces contrées, tout être qui
n'est pas stupide, ne tarde pas à devenir ex-
travagant. Ce que nous disons ici est fondé
sur les rapports de tous les voyageurs, et
particulièrement sur les livres indiens qui
ont été traduits dans nos langues européen-
nes, et où nous trouvons que la raison et
le sens commun sont sacrifiés à des images
qui ne peuvent jamais être entrées que dans
des têtes légères, puisqu'elles n'ont point de
type, ni dans la plus basse ni dans la plus
sublime nature. Ces livres ressemblent à nos
songes et à nos rêves. Il y a une grande différence entre nous et les habitants de ces climats brûlants. Nous ne croyons pas penser
quand nous rêvons, et eux ne croient au
contraire penser que quand ils rêvent.

Il est évident qu'il est des excitants qui, en
facilitant les fonctions digestives, laissent une
plus longue et une plus grande activité aux
fonctions cérébrales, et augmentent soit directement, soit indirectement l'énergie des
facultés intellectuelles et morales de l'homme.

Pendant l'action de certains excitants, nous sentons que les impressions physiques et morales ont plus de prise sur nous; l'organe cérébral jouit d'une liberté et d'une facilité de perception et d'imagination plus grandes que dans l'état de non-excitation; les organes des sens sont eux-mêmes doués d'une plus grande vitalité, d'une plus grande susceptibilité; la vue devient pénétrante, l'ouïe plus fine, le tact plus judicieux, l'odorat plus délicat, le goût plus difficile. Ce résultat est principalement évident sur les personnes précédemment affaiblies par quelque maladie, et chez lesquelles on s'aperçoit facilement que l'excitation rétablit les organes des sens dans leur état naturel.

Les excitants agissent donc fortement sur l'appareil cérébral, et sur son prolongement rachidien; s'il existe un engourdissement général, un mal-aise qui tiennent à l'inertie de ces organes, un certain degré de stimulation suffit pour faire cesser cette langueur, et pour leur rendre leur activité naturelle. Quand un homme éprouve une stupeur qui le rend

8.

incapable du travail de l'esprit, il sent toutes
ses facultés intellectuelles reprendre leur énergie naturelle immédiatement après avoir pris
du café.

En général les excitants, en agissant physi-
quement sur le cerveau par leurs principes
volatiles, donnent plus de développement à
l'intelligence, et à l'imagination plus d'éclat
et de fécondité, aux idées plus d'abondance,
de netteté et d'élévation ; il n'est pas jusqu'à
la mémoire, qui ne soit susceptible d'en recevoir une influence favorable. On remarque
en effet, lorsqu'à la suite d'une fièvre adynamique, cette propriété du cerveau se trouve
très-affaiblie, l'usage de ces agents contribue
promptement à son rétablissement.

Les anciens se vantaient d'avoir des remèdes
puissants pour conserver la mémoire, pour
en augmenter l'étendue, et même pour la
rétablir, lorsqu'ils l'avaient perdue. On cite
des cas d'idiotisme, à la cure desquels des
substances excitantes ont plus ou moins con-
tribué. Les anciens avaient des préparations
propres à exciter sûrement la gaieté, et certes

nous n'en manquons pas : nous savons tous les jours par l'expérience combien le vin contribue aux plaisirs de nos repas, et combien son excès y porte de trouble. Le café est, dit-on, la liqueur des poètes et des musiciens; il n'est pas jusques à ceux qui s'occupent de sciences exactes, qui ne tirent quelque profit de son usage.

Il est clair que les substances stimulantes, en augmentant l'énergie de toutes les fonctions, et surtout de celles qui appartiennent au système nerveux, doivent nous donner un sentiment de vigueur, propre à dégager l'esprit de ses entraves, et à lui imprimer tout le mouvement dont il est susceptible.

Mais cette excitation de la sensibilité *morale* n'est-elle pas capable de produire un trouble durable dans nos facultés intellectuelles, en échange de l'activité momentanée qu'elle y fait naître, et par conséquent ne peut-elle pas devenir plus funeste qu'utile à leur intégrité ?

Il est certain que l'action des excitants augmente la vitalité de tous les organes, et particulièrement du cerveau : si toutes les facultés de ce centre sensitif en reçoivent plus d'énergie et plus d'aptitude à leurs fonctions; si les idées deviennent plus nettes, plus claires et plus actives; si l'imagination devient plus vive et plus éclatante, si la mémoire devient plus féconde, plus sûre et plus étendue; il faut bien que cet accroissement momentané des puissances de l'esprit ait des suites durables. En effet, la mémoire étant la faculté de conserver les impressions faites sur notre esprit par les objets extérieurs, on conçoit que plus elle sera étendue et active, plus elle saisira d'images, plus elle en conservera, et plus elle en pourra présenter à l'imagination, lorsque celle-ci aura besoin de les présenter au raisonnement; et que conséquemment, nos facultés intellectuelles peuvent recevoir, et reçoivent même toujours une plus grande quantité de richesses d'une activité momentanée.

D'ailleurs l'expérience démontre tous les jours que la nature des aliments exerce une puissante influence sur les tissus et même sur l'instinct

des animaux sauvages et domestiques. La
chair de ceux qui vivent de végétaux, se
pénètre intimement des principes excitants et
volatils qui entrent dans la composition de
leurs aliments. On dirait que ces principes
se sont assimilés aux fibres les plus déliées de
leurs organes et en sont devenus des parties
constituantes, puisqu'elles en conservent l'o-
deur et la saveur. Ainsi la chair des moutons
qui broutent le thym et le serpolet sur les
sommets arides des coteaux, est-elle abondante
en osmazome et en éléments sapides et odorants, tandis que celle des animaux de la même
espèce qui paissent dans les plaines humides a
quelque chose de fade et d'insipide; elle est
remplie de sucs graisseux sur lesquels la puissance assimilatrice paraît n'avoir encore exercé
aucune influence. La chair des agneaux qui
parquent sur les bords de la mer, a quelque
chose de salé et de piquant; leur graisse a
l'odeur et la saveur des plantes dont ils ont fait
leur pâture, mais elles ne paraissent point encore avoir pénétré dans toute la profondeur des
tissus fibreux. Les lapins de garenne pro-

duisent sur l'organe du goût une impression
bien différente de celle qu'exerce sur le palais
le lapin domestique, engraissé de plantes de
nos potagers. Voilà des faits incontestables et
que personne ne peut révoquer en doute.

§. II.

De l'influence des aliments sur l'instinct des animaux.

Si maintenant nous examinons l'influence des aliments sur l'instinct des animaux, nous verrons qu'elle est moins prompte, mais aussi puissante que sur leurs organes : le chien (*canis lupus*) a dû avoir primitivement la férocité et la voracité du loup dont il descend, et sans doute c'est en mêlant à ses aliments des substances végétales, que l'homme est parvenu à mitiger son caractère sauvage et féroce. Il se l'est attaché en quelque manière par la reconnaissance en lui fournissant dans une habitation une nourriture variée et abondante dont il était souvent privé quand il habitait dans le fond des forêts. Ce changement dans le caractère de cette espèce carnivore n'a dû se faire que progressivement, et il est devenu d'autant plus profond et d'autant plus permanent, qu'il s'est plus long-temps perpétué de race en race. On a essayé de donner au loup le

caractère du chien : on y est parvenu en quelque sorte en nourrissant les louveteaux séparés
de bonne heure de leurs mères, avec des aliments végétaux faiblement imprégnés de
graisse animale. Ces jeunes loups ont paru
perdre d'abord toute leur férocité primitive,
ils ont flatté la main qui les nourrissait; mais,
à la moindre émotion, on a vu reparaître
leur caractère originaire, et ils sont devenus
féroces envers leurs maîtres; mais il est probable que si l'on eût poussé l'expérience plus
loin, le caractère de cette espèce se serait adouci
de race en race, et que, doués de l'odorat du
chien, ils en auraient contracté la docilité et
la fidélité. Cela est d'autant plus probable,
que la plupart des chiens que l'on ne nourrit que de chair crue et surtout de chairs
fibreuses, conservent pour leurs maîtres la fidélité et la docilité qui sont chez eux le fruit
de l'habitude; mais ils deviennent envers les
étrangers d'une cruauté plus grande que celle
des loups eux-mêmes. Je dois citer à cette occasion un fait bien extraordinaire qui s'est passé
le 27 mai de cette année 1826, au Jardin

du Roi, et dont moi-même j'ai été témoin.

Parmi les oiseaux carnivores qui se trouvent dans la volière de ce jardin, on remarque un superbe aigle de l'Amérique méridionale, qualifié d'aigle destructeur. C'est M. le Baron *Mullicor*, capitaine de vaisseau, qui a fait cadeau à la Ménagerie de cet oiseau superbe et féroce.

Cet officier est allé le voir le jour ci-dessus indiqué : il était accompagné d'un jeune nègre, qui avait été chargé d'en prendre soin. Aussitôt que cet animal aperçut celui dont la main lui avait long-temps fourni sa nourriture, il se mit à battre des ailes et poussa des cris d'allégresse, ne perdit plus de vue son premier bienfaiteur, et ces signes et ces cris de joie se changèrent en signes de tristesse et en cris lugubres, lorsque le jeune nègre se fut éloigné. Je ne sais ce qui doit le plus étonner, de la mémoire ou de la reconnaissance de cet aigle.

Mais pourquoi chercher des exemples ailleurs que dans l'espèce humaine? Les hommes qui se nourrissent de végétaux, et s'abreuvent du sérum du lait depuis leur enfance, sont ordinairement gros, mous, disposés aux engorgements lymphatiques et aux hydropisies; ils soutiennent moins la fatigue que ceux qui mangent de la chair; l'activité et la vigueur de leurs facultés intellectuelles répondent chez eux à celles des organes de la locomotion. Ces phénomènes sont surtout remarquables chez les habitants des pays très-humides et des vallées. Ils sont moins sensibles chez ceux qui respirent l'air vif et pur des montagnes : on remarque en effet que les montagnards de la Suisse sont en général des hommes forts; mais il faut aussi considérer que leurs forces physiques viennent de ce qu'ils mangent quelquefois des viandes de cochon salé, et que cette nourriture très-animalisée balance en quelque manière, pour ce qui regarde les facultés physiques, les inconvénients d'une alimentation végétale habituelle , et de l'usage des boissons séreuses et acétiques; mais elle n'a aucune influence favorable sur les facultés morales, car ces montagnards si forts, sont ordinairement d'une intelligence très-bornée, quoique respirant un air vif et pur, et très-propre au développement des facultés de l'esprit.

Tous les peuples du midi et du nord dont le lait et les végétaux font la principale nourriture, sont naturellement doux, tristes, nonchalants, dépourvus de mémoire et d'imagination, et offrent le contraste le plus frappant avec ceux qui se nourrissent de chair, et font usage de vins et d'assaisonnements excitants. Il suffit pour s'en convaincre de comparer les paysans lourds, tranquilles et presque stupides de la Suisse et de l'Auvergne, avec les vignerons secs, vifs, joyeux et spirituels de la Champagne, de la Bourgogne, d'une partie de la Franche-Comté et de la Lorraine. Cette différence est frappante, et prouve jusqu'à quel point le genre de nourriture peut, indépendamment de tout autre, influer sur le caractère physique et moral des peuples.

§. III.

Influence des aliments sur le caractère de l'homme.

Il faut donc croire que ce n'est point seulement par la chaleur qu'ils développent dans les organes au moment de l'hématose et de l'assimilation, que les excitants agissent sur l'économie animale. Il est constant qu'ils impriment à l'homme un caractère si durable que dans l'état de santé il le conserve pendant toute la durée de son existence.

Les végétaux doux et sucrés, ne contenant rien qui puisse exciter les fonctions, ni augmenter leur action, les nourrissent à la vérité, mais ils leur impriment un caractère de langueur et de faiblesse, qui du physique ne manque jamais de se communiquer au moral.

Les habitants de l'Inde qui suivent un prétendu régime pythagoricien, sont obligés d'exciter les organes digestifs par les excitants les plus énergiques; autrement, au physique comme au moral, ils tomberaient dans un état d'engourdissement et de somnolence dont toute la chaleur du climat ne pourrait les tirer.

Je ne me serais pas livré à une digression aussi longue, relativement à l'influence des aliments excitants sur le physique et le moral de l'homme, si, en ce qui regarde le moral surtout, cette influence n'avait pas été en quelque sorte contestée par un homme dont le talent supérieur, et la célébrité méritée, peuvent grandement influer sur l'opinion des savants et des gens du monde.

Au reste chacun sait, et l'expérience démontre tous les jours, que, chez les individus d'une bonne constitution, ce sont les fonctions les plus souvent exercées qui acquièrent le plus de développement et le plus d'énergie. On peut, par exemple, augmenter les forces des organes digestifs, en y introduisant un certain volume de substances alimentaires, progressivement plus considérable que celui qui serait suffisant à la formation de la quantité de chyle nécessaire à la réparation du sang. Ainsi on s'habitue insensiblement à cette voracité si générale chez les peuples encore barbares, et encore si commune de nos jours malgré les lumières de la civilisation. On sent bien que la digestion de cet excès progressif de substances alimentaires ne pourrait avoir lieu, si cet excès lui-même n'appelait pas un surcroît de ton dans les organes chargés de cette opération. Mais s'il arrivait que ce surcroît de ton fût porté au point de détourner toutes les forces vitales d'une autre fonction, alors cette fonction serait subitement anéantie; et il en résulterait une maladie grave, et même quelquefois la perte de la vie.

Dès que les organes digestifs ont été par des excès progressivement plus forts, habitués à l'élaboration d'une quantité de chyle plus que suffisante à l'entretien de la circulation artérielle; il en résulte que cette fonction a été aussi progressivement habituée à porter dans différents tissus une quantité de principes plus que suffisants à leur nutrition, et que, si cet excès n'est pas consommé par l'assimilation ou par les exhalations, il doit en résulter un état pléthorique de tout le système circulatoire, qui conduit souvent même à l'asphixie ; si, au contraire, cet excès est consommé par la nutrition, il en résultera un surcroît d'énergie dans les fonctions assimilatrices, et un plus grand développement de forces musculaires. Mais comme la transmutation des fluides en solides vivants, ne peut s'opérer que par l'introduction de ceux - là dans les parties les plus intimes de ceux - ci, et comme cette introduction ne peut avoir lieu dans des tissus déjà trop saturés, il en résulte que la vie n'étant qu'une transmutation de fluides en solides, et *vice versá*, cette transmutation doit être plus active dans les individus qui mangent beaucoup que dans ceux qui mangent peu ; et que chez les premiers, la force dissimilatrice doit être égale à la force assimilatrice, ou en d'autres termes, que l'exhalation, l'absorption, les sécrétions et les excrétions doivent être proportionnelles à la quantité de principes nutritifs portés dans les organes par la circulation. On me dira, peut-être, que si la dissimilation était toujours égale à l'assimilation, il en résulterait que la masse de solides serait toujours la même, ce que l'expérience dément par l'accroissement progressif de tous les êtres organisés depuis le commencement jusqu'à certaine époque de leur vie ; mais cette objection, toute spécieuse qu'elle puisse paraître, n'est cependant véritablement d'aucune valeur.

Il faut remarquer que, dans l'enfance des animaux, aussi bien que dans celle des végétaux, les forces organisatrices sont portées à leur maximum, et que les forces désorganisatrices sont au contraire réduites à leur minimum, jusqu'à ce que ces êtres soient parvenus au summum de leur accroissement ; et bien que chez eux la transpiration , l'absorption et les excrétions soient, en raison même de la faiblesse de leurs fibres , beaucoup plus abondantes que dans tout autre temps de la vie, il n'en est pas moins vrai que leurs fonctions s'assimilent plus de substances qu'elles n'en rejettent au dehors. C'est ce que l'on peut voir dans les chairs des jeunes animaux qui sont toujours imbibées d'une substance liquide, filante, muqueuse et visqueuse disposée entre leurs fibres, et vers les extrémités articulaires. C'est là que cette substance est soumise à une nouvelle élaboration, au moyen de laquelle elle augmente et la dimension et la solidité des tissus avant d'être portée au dehors, soit par l'exhalation, soit par les différents conduits sécréteurs ; ou d'être remise en circulation par les vaisseaux lymphatiques. A cet âge, il se fait donc dans l'intérieur, et dans toute la profondeur des organes, une opération dont le mode sera probablement toujours pour nous un secret, mais en vertu de laquelle, ces tissus pourvoient non seulement à leur entretien, en réparant leurs parties, mais encore à leur accroissement, en s'appropriant plus de parties solides que la décomposition ne leur en enlève.

Il est probable d'après cela que dans la jeunesse, les forces décomposantes n'agissent que faiblement sur des parties solides, qui n'ont point encore la consistance qui leur est nécessaire, et que l'absorption et l'exhalation se bornent à reporter dans la circulation les parties des fluides qui ne sont point encore assez animalisées pour s'unir à la fibre des tissus, en même temps que l'exhalation rejette celles de ces parties qui, ayant déjà perdu leur qualité nutritive, ne peuvent plus rester sans danger dans l'économie.

Les choses se passent ainsi, tant que les organes n'ont pas pris tout l'accroissement et toute la solidité que la nature leur destine; c'est-à-dire, tant que l'individu n'a pas reçu toute la perfection dont il est susceptible; mais il est démontré par les faits que lorsqu'il l'a reçue, les forces organisantes et leurs antagonistes sont pendant quelque temps dans un équilibre parfait, que cet équilibre dure jusqu'à ce que celles-ci prennent une certaine supériorité sur celles-là; le temps pendant lequel dure l'équilibre, est celui de la plus grande vigueur de l'homme, s'il n'est d'ailleurs interrompu par aucune cause de quelque nature qu'elle soit.

Mais, me dira-t-on encore, si durant cette époque, la fibre perd autant qu'elle reçoit, comment peut-elle augmenter en force? Je répondrai que cette force ne dépend pas de son volume, mais du degré de vitalité qu'ont les parties qui la constituent, et que cette vitalité est d'autant plus grande, que ces parties sont plus fréquemment renouvelées par le double effet de l'assimilation et de la dis-assimilation; voilà pourquoi ceux qui, dès leur jeunesse, se sont livrés à des mouvements souvent répétés des organes locomoteurs, acquièrent une grande énergie dans tous les muscles de ces organes, parce que la force assimilatrice y est d'autant plus active, que la force disassimilatrice qui résulte de l'exercice, y est elle-même grande. Cela est bien démontré, puisque dans l'âge mûr ces organes perdent leur force, dès qu'on a cessé pendant quelque temps de les exercer; qu'ils ne la reprennent même plus, si on les a tenus long-temps en repos.

On dit que chez les anciens, les athlètes exercés pour les jeux du cirque étaient des hommes qui se nourrissaient de chair, et qui, augmentant par ce moyen la force de leurs muscles, voyaient diminuer celle de leurs fa-

cultés cérébrales. Mais il est facile de voir que
la dernière partie de cette proposition manque
absolument d'exactitude, et que pour la rendre
entièrement vraie, il aurait fallu dire : ceux
qui chez les anciens exerçaient beaucoup leurs
muscles pour se rendre propres à triompher
dans les jeux Olympiques, augmentaient beaucoup leurs forces par ces exercices ; ils étaient
voraces, parce que ces exercices augmentaient
beaucoup chez eux l'activité de la disassimilation, et par conséquent de l'assimilation ;
et s'ils avaient peu de facultés intellectuelles,
c'est parce qu'ils les avaient peu exercées. Il est
certain que, toutes choses égales d'ailleurs ,
l'énergie de nos fonctions sera toujours pro-
portionnelle à l'exercice que nous leur donnerons. Mais quand on pose mal les principes,
on s'expose toujours à de mauvaises conséquences ; les athlètes chez les anciens étaient
très-musculeux, se nourrissaient de beaucoup
de chair, et ils avaient peu d'esprit ; donc les
hommes musculeux, et qui mangent beaucoup
de chair, sont ordinairement des hommes de

peu d'esprit, *cum hoc ergo propter hoc.* Voilà la logique de ces messieurs.

Leurs conclusions sont d'ailleurs déduites de faits auxquels nous pouvons en opposer qui sont absolument contraires et beaucoup plus nombreux. Si les Homère, les Socrate, les Platon, les Hippocrate, les Pline, et une foule de grands hommes de l'antiquité, n'é-taient pas d'une constitution athlétique, c'est qu'ils avaient peu exercé leurs forces physi-ques et beaucoup usé de leurs facultés intellec-tuelles. Mais tous jouissaient d'une constitu-tion vigoureuse, et si les portraits de ces per-sonnages illustres, qui sont parvenus jusqu'à nous sont fidèles, il est à croire, ou qu'ils étaient doués d'une grande force physique, ou qu'il n'est pas permis de juger des proportions du reste du corps d'après celles du buste ou de la tête, car autrement il faudrait dire que ces grands hommes étaient vicieusement consti-tués; quoique tous les historiens de l'antiquité aient fait l'éloge de la beauté physique de la plupart d'entr'eux, et qu'ils aient été si exacts dans le compte qu'ils ont rendu des formes particulières aux personnages dont ils écrivaient l'histoire, qu'ils n'ont pas manqué de nous dire que le visage de Socrate était fort laid, que celui de Platon était au contraire d'une beauté angélique; qu'Alexandre était d'une petite taille, qu'il portait habituellement la tête penchée vers le côté droit; que César était chauve. Et à propos de ces deux derniers, si leurs succès dans la guerre, l'art avec lequel ils ont su conduire à la victoire les armées qu'ils avaient sous leurs ordres, le talent qu'ils avaient de faire mouvoir à leur gré ces grandes machines composées de tant de volontés et de résistances diverses annoncent une grande force d'ame, les travaux qu'ils ont supportés durant plusieurs années sous des climats auxquels ils n'étaient pas habitués, n'annoncent-ils pas une grande force physique? Le maréchal de Saxe passe pour avoir été doué d'une vigueur musculaire prodigieuse, et cependant il a remporté des victoires qui ont exigé de savantes et profondes combinaisons; et de plus il a composé un livre que les plus grands guerriers lisent encore avec profit. Turenne était un homme d'une constitution presque athlétique, et l'on sait qu'il possédait au plus degré le génie de l'art militaire. Le grand Condé était grand de corps et d'esprit. Mirabeau, dont l'éloquence surprenante domina l'Assemblée Constituante, composée de tout ce que la France possédait de plus habiles orateurs, était constitué comme Hercule ; les muscles de tous ses membres étaient fortement prononcés , ainsi que ceux de son visage, et la vigueur de ses gestes , ainsi que l'éclat de sa voix, aidée de l'imagination la plus élevée, et de la dialectique la plus serrée, entraînaient tous les esprits. Conclurai-je de là que les forces physiques sont la mesure des forces intellectuelles? Non, sans doute ; je n'y serais pas plus fondé que ceux qui parce que Voltaire et Rousseau étaient d'une constitution faible et presque cachectique, prétendent qu'en général les facultés intellectuelles sont en raison inverse des forces corporelles , et qui, avec Pythagore, veulent mettre tous les hommes qui s'adonnent à l'étude des sciences au régime végétal, pour diminuer l'énergie de leurs organes, et augmenter celle de leur esprit. Je leur dirai qu'en général les hommes les plus habiles dans les lettres, les sciences et les arts, ne laissent pas d'être un peu sectateurs de Comus et de Bacchus; que si Voltaire était sobre, il ne laissait pas de faire usage de beaucoup de café, tant pour rendre ses digestions moins laborieuses que pour exciter les fibres de son cerveau.

Je soutiens donc que l'exercice d'une fonction en augmente la vigueur, et que toute chose égale d'ailleurs, celui qui exercera le plus son attention, sa mémoire, et ses autres facultés intellectuelles, sera aussi celui qui aura le plus d'imagination, de raison et d'esprit.

Le peintre voit dans la nature, et dans les ouvrages de l'art, des beautés qui échappent à des yeux moins exercés que les siens, et les sons font sur les oreilles d'un musicien des impressions agréables ou désagréables auxquelles le vulgaire est insensible.

De là je conclus que c'est dans les organes physiques qu'il faut chercher le moral, et que pour connaître l'homme, aller le chercher

dans son ame, qui n'est elle-même susceptible d'aucun perfectionnement, c'est juger
d'une machine par la force qui la met en mouvement.

Nous avons assez dit, je pense, sur ce qui
concerne les fonctions qui servent à l'entretien
et à l'accroissement des organes : il est temps
de nous occuper de celles aux moyens desquelles l'homme reconnaît et s'approprie les
substances nécessaires à cet accroissement et
pourvoit à sa conservation.

CHAPITRE XI.

De la Sensibilité, considérée comme le seul moyen de relation avec l'univers extérieur, que la nature ait accordé à l'homme.

———

Nous n'avons considéré jusqu'ici la sensibilité que sous le rapport de l'action qu'exercent par elle les substances qui contribuent à l'entretien de la vie et à l'accroissement de notre corps. Cette sensibilité qui, comme on l'a vu, est une propriété de tous les tissus vivants, réagit puissamment sur toutes les substances qui la mettent en action. Elle assimile à chacun des organes dans lesquels elle réside, en leur faisant subir plusieurs transmutations, celles qui sont propres à subir cette assimilation ; elle expulse les autres, soit par les voies alvines et urinaires, soit par les vaisseaux exhalants, après les avoir atténuées, et leur avoir enlevé ce qu'elles avaient de parties assimilables. Tant que ces opérations assimilatrices se font d'une manière régulière et sans effort de la part d'aucune de nos fonctions, le cerveau n'en a aucune conscience. Mais la digestion est-elle laborieuse, la circulation est-elle plus lente ou plus rapide que de coutume, aussitôt les papilles nerveuses qui s'épanouissent sur la surface des membranes muqueuses dont sont tapissées les cavités intestinales, éprouvent un mouvement et une agitation pénible, et elles portent au centre cérébral l'impression du désordre que ces organes éprouvent.

C'est aussi par les nerfs qui s'épanouissent sur la surface muqueuse, que nous prenons connaissance de nos besoins, et du bien-être qui résulte de leur satisfaction, aussi bien que de l'harmonie qui règne entre nos fonctions, lorsque chacune d'elles remplit la tâche à laquelle elle est destinée. Car il ne faut pas croire que cet état d'harmonie soit un état d'indifférence pour nous ; si , quand nous jouissons d'une parfaite santé, nous ne sentons pas le sang circuler dans nos artères ou dans nos veines, le chyle ou la lymphe monter ou descendre dans les vaisseaux absorbants, les aliments se convertir en chyme dans notre estomac, en chyle dans nos intestins, la bile se former dans le foie, la salive dans les glandes salivaires, l'urine dans les reins, etc.; enfin, si, dis-je, dans cet état nous n'avons aucune conscience de ce qui se passe au dedans de nous, nous n'en éprouvons pas moins un sentiment de bien-être, d'où résulte une liberté parfaite dans les organes de l'intelligence et de la locomotion.

Nous pouvons donc dire que c'est dans la membrane muqueuse que s'épanouissent tous les nerfs du sens intime; comme c'est sous la peau que s'épanouissent ceux de ces nerfs qui appartiennent aux sens extérieurs. Ceux-là nous donnent le sentiment, ce qui se passe en dedans de nous; ceux-ci nous donnent les idées des choses qui sont hors de nous, ou plutôt nous mettent en relation avec l'univers extérieur, comme les autres nous mettent en relation avec nous-mêmes.

Il existe deux grandes différences entre le sens intime et les sentiments qu'il produit sur notre esprit; et entre les sens de relation et les impressions qui en résultent; le sens intime n'a pas besoin d'éducation : tel nous l'apportons en naissant, tel nous le conservons toute la vie dans l'état de santé; il ne nous trompe jamais. Les sens de relation, si l'on en excepte celui du goût, sont au contraire nuls chez l'enfant nouveau-né; ils ne se perfectionnent qu'avec le temps; ils ont besoin, pour être justes, d'une longue éducation, encore la plupart du temps ne nous fournissent-ils que des idées trompeuses et des illusions, surtout lorsqu'on ne prend pas la précaution de rectifier les rapports de l'un par ceux de l'autre.

L'homme en naissant n'apporte qu'un seul sens, c'est celui du goût (1); il appartient

_____

(1) Voy. t. I, pag. 109.

exclusivement à l'instinct, mais il n'est pas chez l'homme, comme chez les animaux mammifères, dirigé dès le principe par celui de l'odorat. Celui-ci est nul chez l'enfant qui vient de naître, aussi le voit-on saisir indifféremment le mamelon de celle qui lui a donné l'existence, ou celui de toute autre même qu'on lui aura donnée pour le nourrir. Il n'en est pas de même chez les mammifères; placez un agneau entre cent brebis qui auraient mis bas le même jour que sa mère: il la reconnaîtra entre toutes, et n'ira pas en têter une autre. Mais la nature a compté sur la tendresse de la femme pour le fruit de ses entrailles, et la nature s'est étrangement trompée à cet égard; car, de toutes les femelles, celles de l'espèce humaine sont les seules qui consentent à se séparer de leurs petits dès les premiers jours de leur existence; tant le vice et les préjugés de la civilisation ont dégradé les sentiments naturels.

Quoi qu'il en soit, le sens du goût est le seul que l'homme apporte en naissant; ce sens est le seul qui soit éveillé chez lui; celui du toucher est encore très-obtus; ceux de l'odorat, de l'ouïe et de la vue sont encore absolument dans l'engourdissement; aussi l'enfant nouveau-né, que rien ne distrait, passe-t-il le premier mois de sa vie dans un sommeil profond, d'où il n'est tiré que par le sentiment de la faim, ou quelquefois par une douleur, causée par l'irritation de ses entrailles, et dans lequel il retombe sitôt que sa faim est satisfaite, ou que la douleur est calmée.

Dans ces premiers temps de la vie la nutrition, l'assimilation et la disassimilation sont les seuls objets dont s'occupe la nature. La sensibilité de l'individu paraît être concentrée dans le tube intestinal, dans les organes de la circulation, et dans la bouche. L'homme alors est absolument réduit à l'état d'un ver ou plutôt d'un polype, car il n'a pas encore comme le ver la faculté de changer de place. Il est certain qu'avec le secours des autres il pourrait long-temps prolonger sa vie dans cet état, comme cela arrive à quelques idiots de naissance qui voient sans rien distinguer, entendent sans avoir l'idée des sons, et n'ont d'autre sens que celui du goût, et d'autres désirs que ceux qui naissent d'un appétit vorace, et quelquefois d'un violent orgasme dans les organes de la génération. Mais l'Auteur de la nature, tout en donnant à l'enfance de l'homme les caractères de la faiblesse et de l'imbécillité, l'a cependant doué d'une grande capacité cérébrale, à laquelle il doit son intelligence; ainsi que de quatre sens propres à faciliter le développement de ses facultés mentales, et de lui donner une idée exacte des objets qui peuvent convenir à la satisfaction de ses besoins physiques et moraux. Il lui a donné de plus dans les organes de ses mouvements de relation, les moyens non - seulement de se procurer ces objets, mais encore ceux de les soumettre à son industrie, et surtout la faculté de communiquer ses pensées par la parole.

Les sens qui nous mettent en rapport avec les corps extérieurs, sont le tact général et le toucher, le goût, l'odorat, la vue et l'ouïe.

§ I.

Du Tact général.

Le tact général a son siége sur tous les points de la peau ou de l'enveloppe extérieure de notre corps (1). Les papilles nerveuses qui communiquent au cerveau les impressions que cet organe reçoit, s'épanouissent sur la surface du tissu réticulaire, où elles sont défendues du contact immédiat des gaz atmosphériques et des autres corps extérieurs, par le derme et l'épiderme. Les sensations que le tact porte aux lobes du cerveau, sont celles de la chaleur et du froid de l'atmosphère, ainsi que des corps auxquels il est immédiatement appliqué. Ce sens rend aussi compte de l'humidité et de la sécheresse de l'air aussi bien que des autres corps, ainsi que de leur aspérité, de leur poli, de leur forme et de leur poids ; mais

(1) Voy. t. I, p. 102 et suiv.

10.

c'est particulièrement au sens du toucher, dont le siége réside plus particulièrement dans la face palmaire des mains, qu'il appartient de nous donner une connaissance plus ou moins grande de ces quatre dernières qualités des objets matériels qui constituent l'univers extérieur. Nous ne nous étendrons pas davantage sur ce sens dont tous les autres ne sont qu'une modification et un perfectionnement.

§ II.

Du Goût.

Le siége de ce sens est dans la membrane muqueuse qui tapisse l'intérieur de la bouche et dans les follicules qui s'élèvent sur la surface de cet organe et de la langue. Ces follicules contiennent des papilles nerveuses qui nous rendent compte des impressions produites par les saveurs des corps solubles dans la salive. A l'égard de ce sens, les corps sont doux, ou acides, amers ou salés, etc. Quand les papilles nerveuses de la bouche nous communiquent les impressions de la dureté ou de la mollesse, de la chaleur ou du froid des corps, le goût agit alors comme le sens du tact. Et il faut remarquer ici à l'égard de ces deux sens qu'ils ne reçoivent d'impression que de la part des corps qui leur sont immédiatement appliqués. Par le tact nous jugeons qu'un corps est chaud ou froid, dur ou mol, humide ou sec,

rude ou poli, rond ou carré, léger ou lourd.
Par le goût nous jugeons qu'il est doux ou
aigre, amer ou salé, et ces expressions nous
suffisent pour communiquer aux autres les
idées que nous avons conçues de ces corps.
Le goût, comme on le voit, diffère du tact,
en ce qu'il explore les saveurs contenues dans
la substance des corps, tandis que celui-ci ne
peut s'enquérir que de leurs qualités superfi-
cielles.

§ III.

De l'Odorat.

Ce sens dont le siége est la membrane muqueuse qui tapisse les fosses nasales, est nul
chez les enfants nouvellement nés. Ces fosses
sont remplies chez eux d'un mucus épais qui
les rend insensibles aux impressions des atomes que les corps odorants répandent quelquefois au loin dans l'atmosphère. Nous n'avons
point de termes propres à nous donner une
idée exacte des différentes odeurs. Les atomes
odorants échappent par leur ténuité et par
leur diversité à nos observations, et nous sommes obligés pour nous faire une idée des impressions qu'ils font sur notre cerveau, de
nous servir du nom des corps dont ils émanent : aussi disons-nous l'odeur de la rose, de
la lavande, du jasmin, de la violette, du musc,
de l'ambre, de l'orange ; ces expressions suffisent sans doute pour nous rappeler les sen-

sations qu'ont produites sur nous ces différentes odeurs quand nous les avons perçues;
mais elles n'auront aucun sens pour ceux qui
n'auront point encore éprouvé de telles sensations; car il est impossible à l'esprit de séparer l'idée d'une odeur de celle du corps dont
elle émane.

§ IV.

De l'Ouïe.

Quand on touche légèrement un corps au moment où il émet un son, on trouve qu'il est dans un état de frémissement et de vibration : et quoiqu'il ne soit pas en contact immédiat avec l'oreille, on ne peut pas s'empêcher de conclure de ce fait, que l'impression produite sur cet organe est due seulement au frémissement ou aux vibrations que le toucher fait reconnaître. Mais d'autres observations et d'autres faits nous donnent bientôt des idées plus justes. L'expérience nous démontre qu'aucun corps sonore, placé dans le vide, n'affecte notre oreille quand on le fait vibrer ; cependant, une bombe ou une vessie qui crève, l'action de tousser, d'éternuer, le claquement du fouet produisent un son en plein air, et nous sommes en droit d'en conclure que les vibrations d'un corps sonore ne produisent d'impression sur notre oreille, qu'autant qu'elles ont été communiquées à ce fluide qui seul agit immédiatement sur cet organe. Ainsi le son est l'effet d'un mouvement imprimé à l'air par la vibration d'un corps.

Comme plusieurs corps se trouvent interposés entre le nerf auditif et l'air extérieur, il faut nécessairement que ces corps soient affectés avant le nerf. Ces corps sont une membrane nommée le tympan, quelques petits os arrangés symétriquement, et derrière une certaine quantité d'air, enfin une humeur dont il est inutile d'indiquer la propriété. Il est naturel de penser que, si l'air transmet le son en vertu de son élasticité, tous les corps élastiques doivent avoir la même propriété; et nous voyons, en effet, que tous les fluides élastiques, sans en excepter l'eau, sont conducteurs du son. D'après cela, nous pouvons supposer que le son parvient à l'organe de l'ouïe par des milieux qui diffèrent de ceux qui affectent les parties extérieures de l'oreille; par exemple, si on interpose entre cet organe et un corps sonore une substance élastique, l'impression des vibrations de ce corps lui parviendra, et souvent avec une plus grande intensité que celle qu'elles ont naturellement. C'est sur ce principe que sont fondées toutes les lois de l'acoustique. On connaît l'histoire de ce sourd qui jouissait des vibrations d'une harpe dont on jouait, en posant le bout d'une canne sur l'instrument, et en tenant l'autre bout entre ses dents.

Il ne faut pas cependant conclure de là, que le mouvement de l'air causé par les vibrations d'un corps sonore, soit analogue à la percussion de ces corps. Un corps sonore, comme tous les autres corps élastiques, a deux effets très-distincts quand il est frappé: l'un consiste dans un mouvement de vibration ordinaire, qui percute les particules de l'air avec lesquelles il est en communication immédiate; le second consiste dans la communication de ce mouvement à des particules de plus en plus éloignées, et jusqu'à ce que celles qui sont les plus voisines de l'oreille produisent l'impression du son.

Quelquefois la commotion de l'air causée par les vibrations d'un corps élastique, peut être assez forte pour faire impression sur le toucher, et souvent même pour déchirer le tympan, et porter le désordre le plus complet dans le sens de l'ouïe; mais c'est à tort que l'on attribue cet effet au son : on ne peut en accuser que la violence de la percussion qui se fait sentir même avant que le son parvienne à l'oreille, comme il arrive dans l'explosion d'une mine, ou dans la détonation d'une pièce de canon.

Quant à la production du son, elle consiste uniquement dans un dérangement des molécules d'un corps sonore, proportionné à la distance dans laquelle elles se trouvent les unes des autres; et non dans un mouvement du corps lui-même, considéré comme un volume ou une masse. Ce dérangement n'est jamais suffisant pour produire une violente percussion; elle est même ordinairement si faible qu'elle ne produit aucun mouvement particulier dans la fumée, dans la flamme, dans les vapeurs de toute espèce, quoique ces substances aient la propriété de transmettre le son, aussi bien que les autres fluides élastiques.

D'ailleurs, le mouvement de l'air causé par un corps vibrant peut être arrêté par un courant opposé de ce fluide, et le son parvient alors dans une direction contraire à celle qu'il avait précédemment, mais il est moins intense.

La force ou la faiblesse du son communiqué à l'oreille, dépend de la force ou de la faiblesse avec laquelle l'air a été frappé comme conducteur du son : et par conséquent du degré dans lequel le mouvement oscillatoire du corps sonore s'est opéré.

Quand nous entendons, et quand nous comparons divers sons, nous avons l'idée de ce qu'en musique on nomme un ton ou une note.

Le ton, produit par une grosse et longue corde qui n'est pas très-fortement tendue, est grave et lourd en comparaison de celui d'une corde plus courte, plus mince et plus fortement tendue. Et cette différence provient de ce que la corde la plus grosse, la plus longue

et la moins tendue vibre moins fréquemment
que l'autre dans un temps donné. Nous pouvons donc dire que la différence qui existe
entre une note haute et une note basse,
provient de ce que le corps sonore qui produit
la première, communique à l'air des mouvements qui se succèdent plus rapidement
que celui qui produit la seconde.

Si nous prenons deux cordes de même
grosseur, et également tendues, mais que
l'une soit moitié moins longue que l'autre,
le son de l'une paraîtra à notre oreille semblable à celui de l'autre, avec cette différence,
que celui de la plus courte sera plus élevé que
celui de l'autre. Quand deux sons paraissent
une répétition l'un de l'autre, avec cette
seule différence, que le premier est plus élevé
que le second, ces tons se nomment octave,
et dans ce cas le nombre des vibrations de la
corde la plus courte est dans un temps donné
double de celles de la plus longue.

Entre deux octaves, l'oreille peut recevoir
l'impression de douze tons, dont sept en

théorie musicale sont appelés radicaux, et cinq semi-tons.

Ces tons et ces semi-tons ne diffèrent les uns des autres que par le nombre des impulsions données à l'air dans le même espace de temps. Par exemple, quand deux cordes donnent dans le même temps un nombre d'impulsions dans la proportion de deux à trois, nous disons qu'elles sont à la quinte l'une de l'autre ; mais quand la proportion est de quatre à cinq, nous disons qu'elles sont à la tierce, etc., etc.

Ce n'est pas ici le cas de pousser plus loin l'examen de ces phénomènes ; ce serait entrer dans la théorie de la musique plus avant que ne l'exige notre sujet ; nous nous bornerons donc ici à une seule considération.

Comme les parties constituantes des divers corps élastisques sont susceptibles de différents arrangements, il s'ensuit que ces corps produisent aussi dans l'air des mouvements différents : c'est d'après cette notion, que l'on peut résoudre la question de savoir comment nous pouvons distinguer, non-seulement la force ou la faiblesse d'un son, et la gravité ou l'acuité d'un ton, mais encore reconnaître la différence qui existe entre les corps sonores qui donnent lieu au son dont notre oreille est frappée : comment, par exemple, nous connaissons qu'un ton est produit par une flûte, un hautbois, un violon, ou une harpe, sans voir l'instrument.

La force d'une note, comme nous l'avons déjà dit, dépend uniquement de celle de la vibration d'un corps sonore, et l'élévation du ton, du nombre des vibrations qui ont lieu dans un temps donné; mais l'impression en vertu de laquelle nous distinguons les uns des autres les divers corps sonores, ne ressemble point à la première : elle dépend en effet de la différence qui existe dans le mouvement que la vibration de chacun des corps sonores imprime à l'air. Par exemple, les parties d'une colonne d'air partant d'une flûte ont entre elles un arrangement bien différent de celui qui se trouve entre celles d'une colonne qui part d'un hautbois; enfin les parties d'une corde de violon ont entre elles un autre ordre que celles d'une corde de harpe; d'ailleurs dans l'un et dans l'autre de ces deux instruments à vent et à cordes, il existe aussi une grande différence dans la structure des corps sonores; voilà pourquoi, chacun d'eux produisant sur l'organe de l'ouïe une impression qui lui est propre, nous pouvons distinguer desquels d'entre eux le son est parti.

§ V.

De la Vue.

On peut expliquer les phénomènes de la vision, par la structure intérieure et extérieure de l'œil, par le pouvoir réfringant des humeurs qu'il contient, et par la propriété physique de la lumière et des couleurs. Mais cette explication serait longue, et quelque intéressante qu'elle puisse être, elle nous entraînerait hors des limites dans lesquelles nous nous sommes proposé de nous renfermer. D'ailleurs cette matière a été traitée avec la plus grande clarté par les physiciens les plus distingués, et il ne reste plus de doute sur les opinions qu'ils ont émises à cet égard.

C'est par le moyen des vibrations de la lumière qui frappent la vue, que ce sens reçoit l'impression de la forme, de la couleur, du mouvement et du volume des corps extérieurs, et que nous jugeons de la distance à laquelle ils se trouvent de nous.

C'est le plus étendu de nos cinq sens, il nous met en rapport avec des corps placés à des distances immenses; il est, ainsi que celui de l'ouïe, susceptible de se perfectionner par l'éducation, et l'un et l'autre sont avec le toucher, les seuls de nos sens qui contribuent au développement de notre intelligence. Le goût et l'odorat semblent appartenir exclusivement aux besoins de l'instinct, tandis que l'oreille et la vue semblent consacrées à ceux de l'esprit.

Les rayons de la lumière réfléchis par un objet extérieur, se croisent à leur passage à travers les yeux, forment sur la rétine une image renversée de cet objet.

De cet entrecroisement des pinceaux qui peignent au fond de l'œil l'image renversée, on a cru que pour la redresser, il était nécessaire que l'habitude, l'éducation ou la pensée rectifiât l'erreur de l'organe, et à cet égard plusieurs physiologistes se sont livrés à des conjectures entièrement inutiles.

En effet, l'impression de chaque point extérieur de l'objet est produite au moyen d'un

rayon lumineux qui, traversant la pupille,
va frapper le fond de l'œil, et ce point nous
apparaissant sous la direction du rayon qui
nous en a apporté l'image, il est inutile que la
pensée vienne redresser cette image, puisque
chaque point est réellement rapporté, hors de
nous, à la position qu'il occupe réellement.
Chrichton s'est plu au sujet de ce sens à expliquer quelques difficultés qui avaient paru em-
barrasser quelques philosophes.

« On a cru voir, dit-il, dans le sens de la vue
des mystères que l'on ne trouve pas dans les
autres, et on a écrit des volumes pour les expliquer. Deux phénomènes surtout ont attiré
l'attention des philosophes : ils ont paru éton-
nés, 1°, qu'avec deux yeux nous ne vissions pas
les objets doubles ; 2°, que ces objets nous paraissent dans leur position naturelle, tandis que
leur image est renversée sur notre rétine » (1).

« Mais il n'y a rien, ajoute ce philosophe, de

---

(1) Chrichton, an inquiry on the nature of mental
derangement.

plus mystérieux dans ces phénomènes que dans ce qui se passe dans les autres sens. »

En effet, la première question consiste à savoir comment il se fait qu'une impression faite par un corps sur deux nerfs distincts, ne produise qu'une sensation sur le cerveau; mais cette question ne se borne pas à ce qui est relatif au sens de la vue seule. On aurait pu demander comment, ayant deux oreilles, nous n'entendons qu'un son. Relativement au toucher, n'est-il pas certain lorsqu'un individu saisit de ses deux mains une grosse pierre ou une boule, que plusieurs nerfs reçoivent l'impression de ce corps? Cependant nous n'avons la sensation que d'un seul. On peut d'ailleurs porter l'analogie plus loin : si l'un de nos yeux est dérangé de sa situation ordinaire, de manière que l'image de l'objet ne s'y peigne pas de la même manière que dans l'autre, nous aurons la sensation de deux objets. La même chose arrive pour le toucher : si vous croisez le doigt du milieu sur l'index, et que vous rouliez entre ces deux doigts un poids ou une boulette, vous

aurez la sensation de deux corps différents.
Ce fait prouve qu'il n'y a pas la plus petite
différence entre les nerfs optiques et ceux de
la peau.

Il est vraisemblable que si l'on pouvait
déplacer les oreilles, comme les yeux et les
doigts, chacune d'elles porterait au cerveau
la sensation d'un son particulier.

Il y a encore deux phénomènes de la vision
qui ont long-temps fixé l'attention des philosophes ; le premier est relatif à la distance
des objets, le second au jugement que nous
en portons. Les savants qui veulent tout expliquer d'après les principes de la géométrie,
ont assuré que l'œil jugeait des distances, par
l'angle que fait l'axe optique avec l'objet de la
vision. Certainement cet angle est plus ou
moins grand selon que l'objet est plus ou moins
éloigné de l'œil : car, quand l'objet est très-
près, il forme un angle très-grand, qui devient
d'autant plus petit que la distance devient
plus grande.

Mais quoique la vérité de cette doctrine
soit incontestable sous certains rapports, elle

ne l'est certainement pas si on la considère relativement aux notions que chaque individu se fait des distances. En effet, si elle était vraie, l'expérience et l'éducation deviendraient inutile pour l'acquisition de ces notions, et tous les hommes jouissant de la faculté de distinguer les objets à des distances égales, jugeraient avec une égale justesse de ces distances elles-mêmes : cependant tous les jours nous voyons la preuve du contraire.

Les sauvages que la nature de leurs besoins et leur propre sûreté forcent à se livrer de bonne heure à l'exploration des objets éloignés d'eux, n'ont certainement aucune notion de la géométrie, mais ils en ont des distances de plus exactes que nous, qui avons tant de moyens ingénieux de rectifier nos jugements à cet égard. Ils aperçoivent dans le lointain des objets qui échapperaient à nos yeux, et ne se trompent jamais sur l'éloignement dans lequel ils sont d'eux, ni sur le temps nécessaire pour les atteindre. Nous pourrions dire aussi que les animaux jugent aussi des distances avec plus d'exactitude que nous ; par exemple,

l'aigle qui plane à la hauteur des montagnes
les plus élevées, apercevant sa proie dans
un vallon, fond sur elle avec la rapidité du
trait, et ne se trompe jamais sur le point
que cette proie occupe. Mais cette rectitude de
la vue, que les animaux doivent à leur instinct particulier, l'homme civilisé ne semble
pouvoir l'acquérir que par l'expérience et le
raisonnement.

Ceux que leur profession oblige à l'exercice
de ce sens, et qui ont besoin d'avoir des notions justes sur les distances, reconnaissent
bientôt que ce talent se perfectionne journellement chez eux par l'expérience, et qu'elle
seule a pu leur donner à cet égard une grande
supériorité sur d'autres hommes, dont les yeux
sont aussi bons que les leurs. Et s'il était vrai
que l'on pût vraiment juger des distances par
le moyen des angles, des lignes, ou de toute
autre figure géométrique, on ne pourrait pas
dire comment il se fait qu'il n'y ait pas deux
hommes capables de porter sur ce sujet deux
jugements semblables.

Qu'un objet extérieur envoie sur la rétine

une image plus ou moins grande selon qu'il est plus ou moins éloigné des yeux, c'est un fait qui peut être démontré géométriquement. L'expérience nous apprend dès notre enfance, qu'un objet nous paraît de plus en plus grand à mesure que nous nous approchons de lui ou qu'il s'approche de nous, et de plus en plus petit à mesure que nous nous en éloignons ou qu'il s'éloigne lui-même, et comme cette expérience se renouvelle à chaque instant, nous sommes bientôt portés à juger de la distance des corps par la grandeur de l'image qu'ils produisent sur le fond de nos yeux. C'est par ce moyen qu'indépendamment de nos propres mouvements, et de ceux que font les corps qui nous environnent, nous jugeons de leur distance relative; mais nous avons encore un autre moyen de rectifier nos jugements à cet égard, et de juger de la grandeur relative de ces corps: je veux parler du sens du toucher.

Ce sens joint à nos facultés locomotrices, nous donne cette espèce d'expérience sur laquelle, dès notre enfance, nous sommes habitués à fonder nos jugements sur la distance; et comme ces jugements sont accompagnés d'une impression particulière sur le sens de la vue, nous les associons naturellement dans notre esprit. Voilà pourquoi quand un objet que nous savions être le même, nous a paru plus grand dans un temps que dans un autre, nous en concluons qu'il était plus près de nous la première fois que la seconde; rien ne prouve mieux que ce fait la liaison que nos idées prennent dans notre esprit. Si, par exemple, un individu n'avait jamais vu les objets depuis son enfance qu'à travers un télescope retourné, il ne jugerait pas avec moins de justesse que tout autre de la distance relative des objets, pourvu qu'il pût se transporter d'objet en objet et faire usage de ses mains. Mais si quelqu'autre individu regardait à travers le même télescope retourné, la petitesse des objets lui ferait penser qu'ils sont à une grande distance de lui.

Quant à la question de savoir comment il se fait que l'image des objets extérieurs arrive renversée sur le fond de l'œil, et que cependant ces objets sont perçus dans leurs position naturelle, *Crichton* (1) la résout par le secours de la pensée. «On nous a, dit-il, appris dès notre enfance à faire l'application du mot inférieures aux parties du corps qui sont les plus près de la terre, et à donner la qualification d'élevées à celles qui sont les plus éloignées de la surface de cette terre ; voilà pourquoi nous disons que les pieds sont les parties inférieures de notre corps et que la tête en est la partie supérieure. On nous a également habitués dès notre enfance à qualifier de la même manière tous les corps qui ont par rapport à la terre une situation analogue à la nôtre. Ainsi, quoique les objets soient renversés sur notre rétine, comme ils conservent relativement à l'image de la terre leur situation véritable, nous associons les notions de supériorité à celles qui sont les plus éloignées de la terre. » Je voudrais bien savoir à quelle école ont appris à raisonner tous les ânes qui ne pren-

---

(1) V. t. I, p. 104.

nent jamais le sommet d'un chardon pour le bas de sa tige, et ces poulets, qui tout en sortant de la coque ne manquent jamais de saisir dans sa véritable position le grain ou la mie de pain qu'on leur donne. Chrichton ne se serait pas donné la peine de se perdre dans de tels raisonnements, s'il avait conçu que l'image d'un objet extérieur qui se forme sur le fond de l'œil, n'est nullement la cause de l'impression que nous fait éprouver cet objet. Cette impression est en effet le résultat de tous les rayons lumineux qui, réfléchis par la surface de cet objet, parviennent à l'organe de la vision où tous ces rayons se concentrent et projettent l'image de cette surface.

On peut assimiler l'œil à une chambre noire au fond de laquelle viennent se peindre les images des objets extérieurs, produites par une lentille convergente qui existe réellement dans l'organe et porte le nom de *cristallin*. Les rayons passent par l'ouverture circulaire qu'on nomme pupille ou prunelle, cette ouverture est percée au milieu de la partie colorée de l'œil ou *l'iris*. Ces rayons déjà modifiés par la première surface convexe arrivent sur le cristallin qui est placé derrière la pupille. Ce cristallin les rend tout-à-fait convergents, et les réunit sur une membrane où s'épanouit le nerf optique, et que l'on nomme la *rétine*. C'est ce nerf qui transmet l'impression au cerveau. La cavité antérieure au cristallin est occupée par une liqueur nommée l'humeur *aqueuse*, le reste est rempli par l'humeur vitrée; enfin l'œil est tapissé par la *choroïde*, membrane noire, qui, destinée à éteindre toute lumière diffuse, complète l'analogie de cet organe avec la chambre noire.

La sensation de chaque point de la surface de l'objet extérieur est perçue au moyen de la lumière réfléchie par ce point; cette lumière, après avoir traversé la pupille, va frapper le fond de l'œil, et ce point doit nous paraître nécessairement sur la direction du rayon qui nous en a apporté l'image; ainsi malgré l'entre-croisement des pinceaux qui peignent sur le fond de l'œil l'image de l'objet renversée, il n'est pas nécessaire de donner à la pensée la charge de la redresser; puisque, comme je l'ai déjà dit (1), chaque point est vraiment rapporté hors de nous à la position qu'il occupe réellement.

Ainsi dans la circonstance particulière de la position des objets extérieurs, il est inutile de recourir à la réflexion et au jugement pour redresser l'image renversée sur le fond de l'œil, puisque chaque point de cet objet nous apparaît dans la place qu'il occupe véritablement, et sur la direction de la ligne droite que la lumière a parcourue, pour en produire l'impression sur l'œil. S'il n'en est pas de même relativement à la distance, et si l'expérience seule peut nous en rendre juge compétent, c'est qu'un corps très-éloigné ne nous apparaissant pas dans sa grandeur naturelle, nous avons besoin de nous en approcher, ou de déterminer l'angle sous lequel il nous apparaît pour rectifier l'erreur de l'impression.

Aussi nul individu doué de bons yeux ne se trompe-t-il sur la véritable position d'un ob-

---

(1) Pag. 163 et 164 de ce volume.

jet tandis qu'il en est une infinité qui se trompent dans l'appréciation de leurs distances.

Nous pourrions entrer ici dans un grand nombre de considérations sur les erreurs du sens de la vue, causées par des affections pathologiques, ou par un vice de construction ; mais ce serait sortir de notre sujet : nous avons d'ailleurs à nous occuper maintenant d'une question de physiologie, relative aux sens en général, qui nous paraît beaucoup plus importante.

CHAPITRE XII.

Les nerfs reçoivent-ils directement les impressions produites sur les organes des sens par les objets extérieurs, ou ne font-ils que dénoncer au centre cérébral les modifications opérées dans ces organes par ces impressions.

LES sens du goût, de l'odorat, du toucher, de l'ouïe et de la vue diffèrent entre eux dans la nature de leur relation avec les corps extérieurs ; d'abord en ce que chacun d'eux est organisé pour recevoir des impressions de certains corps qui n'en font aucune sur les autres ; secondement, en ce qu'un même corps ne peut pas produire une impression semblable sur deux d'entre eux. Il faut d'ailleurs remarquer en troisième lieu, que les sens du goût et du toucher ne peuvent recevoir d'impression si ce n'est de la part des corps avec lesquels ils sont en contact immédiat ; au lieu que l'odorat, l'ouïe, la vue, communiquent, le premier avec les corps odorants, le second avec les corps sonores, et le troisième avec les corps lumineux, par des particules, émanées des premiers, ou par les vibrations que produisent les seconds et les troisièmes sur un fluide intermédiaire, et qui se propagent quelquefois, surtout pour les derniers, à des distances immenses.

Le bruit d'un canon cause quelquefois dans nos oreilles une émotion qu'à peine elles peuvent supporter, et cependant nous ne nous apercevons pas que ce bruit fasse la moindre impression sur notre odorat, quoique certainement notre nez soit beaucoup plus exposé que nos oreilles aux vibrations que l'explosion peut communiquer au fluide conducteur du son ou du bruit.

Quoique la surface de notre corps absorbe une certaine quantité de lumière, et en réfléchisse une plus grande, nos yeux seuls reçoivent l'impression des vibrations lumineuses : les vibrations sonores, aussi bien que celles de la lumière, frappent certainement toutes les parties de notre peau ; mais notre oreille seule en reçoit l'impression, tandis qu'au contraire, notre peau reçoit celles que produisent les vibrations du calorique. Pour juger des formes d'un corps solide par le toucher, il faut y appliquer la main ; tandis qu'elles ne font impression sur le sens de la vue qu'à une certaine distance.

Si les saveurs ne sont perçues que par l'organe du goût, les odeurs que par celui de l'odorat, le froid et le chaud que par celui du tact, le son que par celui de l'ouïe, et la lumière que par celui de la vue, il faut croire que c'est parce que chacun de ces organes est constitué de manière à ne recevoir que les impressions qui lui sont propres, et que les nerfs qui s'y épanouissent n'ont pas d'autres fonctions que celles de communiquer au centre cérébral les mutations qui y ont été produites par ces impressions.

En effet, si les nerfs recevaient directement ces impressions des objets extérieurs, il faudrait croire avec Crichton qu'il existe une grande différence dans la constitution de la pulpe des nerfs de chacun de nos sens, et penser que, quoique tous tirent leur origine de la pulpe cérébrale, il ne s'ensuit pas que leur structure intérieure soit exactement la même. « Les nerfs des sens de relation peuvent, dit » ce physiologiste, différer aussi bien que les » divers autres tissus du corps humain. Nous » trouvons que l'arrangement et l'action des » plus petites artères sont loin d'être les mêmes » dans les différents organes, et nous pouvons » conclure par l'analogie, que si les artères » en nerfs ont la propriété commune de sé- » créter un fluide particulier, cependant ce » fluide peut être diversement modifié dans » les extrémités nerveuses des yeux, du nez, » de la bouche, des oreilles, etc. (1). »

Nous ne voyons point du tout sur quoi cette prétendue analogie est fondée, les vaisseaux

_____

(1) *Ibid.* p. 84.

capillaires ne portent dans les parties les plus
déliées de nos divers tissus que du sang artériel : ce sont ces tissus eux-mêmes qui tirent
de ce sang les matériaux de leurs sécrétions
particulières. Ainsi les glandes salivaires sécrètent de la salive, les glandules muqueuses
du mucus, les reins de l'urine, etc.; parce que
les unes et les autres sont organisées de manière à n'être propres qu'aux fonctions qui
leur sont attribuées. La preuve en est si claire
que, si la plus légère inflammation vient altérer
la nature de leur organisation, celle de leur
sécrétion change au même instant, et qu'il en
résulte des affections morbides plus ou moins
graves. Mais puisque jamais les anatomistes
ni les chimistes n'ont aperçu la moindre différence entre les parties constituantes de la
pulpe nerveuse de nos sens de relation ; puisque, au contraire, tous s'accordent pour ne
trouver partout dans cette pulpe que des globules parfaitement identiques, et par leur
forme, et dans leur constitution intime; il faut
bien attribuer la différence de nos sensations à
celle qui existe entre l'arrangement des parties

constituantes des divers organes de ces sens.

Nous voyons, en effet, que l'œil et l'oreille sont constitués de manière à recevoir, le premier l'impression de la lumière, et l'autre celle des sons; et nous devons en conclure par une analogie bien mieux fondée que celle de Chrichton, qu'il en est de même des trois autres sens.

En effet, si par quelque accident l'organe de la vue ou de l'ouïe éprouve dans la constitution de ses parties quelque dérangement important, sans que cependant le nerf optique, ou le nerf acoustique, ait éprouvé la moindre lésion, l'impression de la lumière et des sons devient nulle.

Chez les lépreux, les nerfs ne cessent pas de s'épanouir dans le tissu réticulaire, cependant on sait que le sens du tact général est presque nul pour eux.

Nous ne devons donc considérer le fluide nerveux que comme un agent qui porte au cerveau la connaissance des divers ébranlements causés par les corps extérieurs dans les organes des sens. Quelle est la nature de ce

fluide, c'est ce qu'il est impossible de dire :
tout ce que l'on peut assurer, c'est que la
moelle des nerfs se compose de globules très-
petits. Que ces globules sont, ou en contact
immédiat, ou séparés par l'interposition d'un
fluide éthéré et universel, au moyen duquel la
physique moderne explique les vibrations lumineuses et sonores, et tous les phénomènes
de l'électricité, du magnétisme, de la chaleur
et même de l'attraction et du mouvement. Mais
l'existence de ce fluide n'est encore qu'une hypothèse ingénieuse au moyen de laquelle les
physiciens rendent compte d'un grand nombre
de phénomènes, inexplicables sans elle. On
pourrait en faire une heureuse application à la
physiologie, parce qu'au moyen des doubles
courants, et des propriétés négatives et positives de ce fluide, interposé entre les globules de
la pulpe nerveuse ; on parviendrait peut-être à
expliquer comment il arrive que cette pulpe
étant la même dans les nerfs du mouvement
et dans ceux des organes des sens, cependant ceux-ci ne soient propres qu'à porter au
cerveau la connaissance de l'ébranlement de ces

organes, tandis que ceux-là sont exclusivement destinés à porter aux fibres des muscles loco-moteurs, les déterminations de la volonté (1).

---

(1) On admet généralement deux *fluides électriques*: le fluide positif et le fluide négatif, complètement sem-blables dans leurs propriétés considérés isolément, qui existent simultanément, et en quantité égale dans tous les corps à l'état naturel, enfin qui s'y neutralisent l'un et l'autre, parce que toute abstraction ou répulsion que l'un d'eux exerce, est contre-balancée par des actions contraires qui émanent de l'autre. L'acte du frottement ne fait que permettre à chaque corps de prendre celui des deux fluides pour lequel il a le plus de tendance. M. Ampère, dont l'opinion est ici d'un grand poids, considère ces deux fluides quand ils sont combinés, et qu'ils n'offrent aucun des effets électriques, comme formant alors le fluide universel; l'éther serait donc aussi composé de deux fluides distincts qui n'auraient d'action, et ne pourraient se montrer à l'état de tension, de courant, qu'autant qu'ils seraient séparés l'un de l'autre.

On sent que l'application de cette théorie à la physio-logie conduirait à l'explication d'un grand nombre de phénomènes. Et il est si vrai que le fluide universel ou l'éther est répandu dans tous les corps organisés, que plu-

Mais nous dépasserions le but que nous nous sommes proposé, si nous entrions dans de plus longues considérations sur cette matière.

sieurs animaux, comme la raie torpille, ont le pouvoir de se servir de l'électricité qu'ils contiennent pour se défendre de leurs ennemis, ou pour attaquer leur proie.

CHAPITRE XII.

*Des **Impressions** sur les organes des sens,
de leur **Perception** par le cerveau, et des
Effets qui en résultent.*

———

Quand les sens éprouvent un ébranlement
de la part d'un corps extérieur, la connaissance de ce changement est immédiatement
portée par la pulpe nerveuse au centre de perception, et l'impression y devient une sensation. Si celle-ci est agréable, et qu'elle ait été
portée au cerveau par les nerfs du tact, elle
excite notre attention, celle-ci éveille notre
curiosité, et la volonté imprime à la fois à la
main et à l'œil un mouvement qui les dirige
vers l'objet qui a causé cette impression. Car
l'instinct qui nous porte à rechercher le plai-

sir, doit nous porter aussi à l'investigation particulière de la forme et des couleurs de l'objet à la présence duquel nous devons ce sentiment, afin que nous puissions le reconnaître et le retrouver une autre fois. Si, au contraire, la sensation avait été douloureuse, notre attention et notre curiosité n'en seraient pas moins excitées ; mais la volonté imprimerait à notre main un mouvement qui l'éloignerait de l'objet qui l'aurait causée, tandis qu'elle dirigerait notre œil vers ce même objet par la raison que l'instinct qui nous porte à fuir la douleur, doit nous porter à l'investigation d'un objet qui en a excité en nous, afin que nous puissions le reconnaître et le fuir quand nous le rencontrerons.

Cette observation ne regarde pas les sens du toucher et de la vue seuls; le même rapport règne entre ceux-ci et les sens du goût, de l'odorat et de l'ouïe. Si la saveur d'un fruit flatte agréablement ou désagréablement notre goût, nous sommes intéressés à en connaître la couleur, les formes et même l'odeur, pour l'éviter ou le rechercher par la suite.

On voit donc que toutes les sensations que nous éprouvons de la part des objets extérieurs, sont le résultat de trois modifications différentes de nos organes ; et pour ne parler que du toucher en particulier, si nous portons la main sur un objet à la fois doux, poli, et d'une chaleur modérée, le tissu de notre peau est doucement modifié, les nerfs de cet organe portent au cerveau la connaissance de cette modification, celui-ci en éprouve lui-même une sensation agréable qui éveille l'attention, et cette faculté de notre esprit réagissant à la fois sur l'œil et sur le tact, les détermine à l'exploration des qualités de cet objet. Il y a donc dans toute sensation perçue, action de la part du corps étranger sur le cerveau par l'intermédiaire des organes des sens et de leurs nerfs, et réaction du cerveau sur ce corps par l'intermédiaire de la volonté, des nerfs et des muscles qui sont sous la dépendance de celle-ci.

Cette observation nous conduit naturellement à rechercher quelles sont les parties du cerveau, ou, pour mieux dire, de l'organe cé-

rébral, où se passent cette action et cette réaction. L'organe cérébral se divise en cinq parties principales qui sont : les deux lobes, les tubercules quadrijumeaux, le cervelet, la moelle
allongée, et la moelle épinière. Chacune de ces
parties exerce des fonctions particulières, relativement à l'objet dont il s'agit ici.

§. I.

Du Cerveau considéré comme le siége des sensations.

Nous ne prétendons point ici définir la nature de l'esprit ou de l'ame, nous laissons aux métaphysiciens et aux théologiens cette entreprise trop au-dessus des forces d'un philosophe et d'un simple observateur. Nous nous bornerons à l'examen des faits qui résultent de l'action des corps étrangers sur les diverses parties de notre cerveau considéré comme une masse pulpeuse, et des phénomènes qui sont les effets de sa réaction sur ces mêmes corps par l'intermédiaire des organes soumis à sa volonté.

Soit que nous élevions nos yeux au ciel, et que nous considérions les planètes et les étoiles qui brillent dans le firmament, dans le dessein de découvrir leur admirable fabrique ; soit que, nous rabaissant sur la misérable terre

que nous habitons, nous cherchions à analyser les objets auxquels nous pouvons appliquer nos sens, nous ne pouvons découvrir dans leur structure que les propriétés
qui sont à la portée de nos organes, et nous
rencontrons de tous côtés des limites que
notre intelligence proportionnée à notre faiblesse tenterait en vain de dépasser.

Si la lumière nous manque entièrement,
aussitôt que dans l'investigation des corps
physiques nous voulons dépasser les rapports
que nos sens ont avec eux, comment ne nous
manquerait-elle pas si nous nous hasardions à
faire la moindre recherche sur la nature de
l'ame et de l'esprit?

Les anciens philosophes ne pouvant expliquer le plus grand nombre de phénomènes
admirables qu'ils avaient observés dans l'univers, ont supposé qu'ils dependaient d'un
principe actif. Ils ont attribué les mouvements
des corps célestes, l'éclat des étoiles, l'ascension
des vapeurs, la précipitation de l'eau, la
chaleur des animaux, leurs mouvements,
leur instinct, leur reproduction, leur intel-

ligence, l'accroissement des plantes, leur sommeil en hiver, leur réveil au printemps, enfin toutes les merveilles de la nature à une âme divine répandue dans tout l'univers.

La science moderne a démontré que tous ces phénomènes devaient être attribués à des causes physiques et diverses, mais l'opinion des anciens avait quelque chose de si séduisant pour l'imagination, qu'elle a été adoptée de notre temps par un grand nombre de beaux esprits.

Le docteur *Darvin*, croyant avoir découvert une certaine ressemblance entre les phénomènes de l'irritabilité et de la sensibilité, et ceux de l'esprit, et étayant son opinion sur l'hypothèse du mouvement des nerfs, s'est cru fondé à penser que les trois principes dont il s'agit n'étaient que des modifications d'un principe unique qu'il appelle l'esprit d'animation. Mais comment peut-on raisonnablement admettre que des corps dont les molécules ne sont réunies en une masse plus ou moins considérable que par l'affinité qu'elles ont l'une pour l'autre, et qui ne peuvent être mis en mouvement que par l'intervention de molécules étrangères, soient pénétrés d'un esprit d'*animation* analogue à la sensibilité par laquelle s'expliquent les phénomènes des seuls corps organisés.

Mais sans nous arrêter à l'examen de ces conjectures, hâtons-nous d'arriver aux phénomènes qui résultent des sensations sur le cerveau....

Dès que la tête d'un animal est coupée, à l'instant toutes les facultés intellectuelles cessent d'exister; mais il n'en est pas de même de la sensibilité, qui ne laisse pas de produire encore quelques phénomènes subséquents.

Nous avons dit (1) que Le Gallois était parvenu, par le moyen de l'insufflation, à faire vivre pendant un plus ou moins grand nombre de minutes des animaux décapités; et qu'il résultait des nombreuses expériences de ce physiologiste, que l'entretien de la vie dans un animal quelconque dépendait d'une part, de l'intégrité de la moelle épinière, et de ses communications nerveuses; de l'autre, de la circulation du sang artériel.

_____

(1) Voy. t. I, pag. 253.

Des expériences de Legallois il était facile de conclure que l'organe cérébral n'était point indipensable à la vie, et que, si l'insufflation devenait nécessaire après la décapitation pour l'entretien de la circulation, c'était parce que le conduit de l'inspiration et de l'expiration de l'air était intercepté par cette opération; on pouvait donc supposer que si on parvenait à enlever les différentes parties de l'organe cérébral d'un animal avec les précautions nécessaires pour ne pas lui causer la mort, et que si on laissait subsister la moelle alongée d'où la huitième paire de nerfs tire son origine, on anéantirait la vie de relation, sans anéantir les mouvements de la respiration. D'après cette supposition, M. le docteur Flourens a fait un grand nombre d'expériences, dont plusieurs ont été couronnées d'un succès d'autant plus complet qu'elles ont éclairé un grand nombre de phénomènes de la vie animale.

Cet ingénieux physiologiste détruisit successivement chez des pigeons et des poules, les lobes cérébraux , les tubercules quadrijumeaux et le cervelet. Il s'aperçut que, dès qu'il avait enlevé le lobe droit à un de ces animaux, les organes des sens du côté gauche étaient immédiatement frappés d'une paralysie complète, sans que ceux du côté droit éprouvassent la moindre altération.

Je ne suivrai point M. Flourens dans toutes ses expériences, et quoiqu'il n'en ait fait aucune qui ne soit digne de la plus grande attention, je me bornerai à citer celles qui jettent le plus grand jour sur les fonctions des diverses parties constituantes de l'encéphale. Il enleva les deux lobes cérébraux à une poule : aussitôt cet animal tomba dans l'assoupissement, et chez lui les sens du goût, de l'odorat, de l'ouïe et de la vue furent irrévocablement anéantis ; cependant il ne fut pas frappé de mort : le docteur Flourens parvint même à rapprocher les téguments de son crâne, à cicatriser la plaie, et à le faire vivre pendant six mois.

L'œil de cette poule continuait à se contracter à la lumière, mais elle avait cessé d'y être sensible ; elle ne l'était pas plus au son, ni au froid, ni à la chaleur ; en vain on lui plongeait le bec dans un tas de grains, elle n'en mangeait pas, mais quand on lui avait enfoncé des boulettes de pain jusqu'à l'orifice de l'œsophage, elle les avalait, les digérait, et remplissait parfaitement toutes les autres fonctions de la vie organique. Elle finit même par engraisser beaucoup. Quand on la poussait, elle marchait devant elle, mais s'arrêtait sitôt que l'impulsion avait produit tout son effet; si on la jetait en l'air, elle étendait les ailes, volait, et se heurtait contre tous les objets qu'elle rencontrait, tombait, se tenait sur ses pattes, et plaçait aussitôt sa tête sous une de ses ailes, comme ont coutume de le faire tous les oiseaux quand ils dorment.

M. Flourens, après avoir nourri cette poule isolément pendant six mois, la plaça avec d'autres; mais celles-ci la déchirèrent et la tuèrent à coups de bec.

Comme les lobes cérébraux ne sont les foyers d'aucune puissance nerveuse; comme après leur soustraction les nerfs de tous les sens de rapport ne restent pas moins dans toute leur intégrité, on est étonné de voir

13.

que les sentiments de rapport soient anéantis chez l'animal qui l'a éprouvée ; et qu'il ait perdu même la conscience du moi , au point de n'éprouver ni le besoin de la faim , ni celui de la soif, quoique les organes digestifs aient conservé toute leur force et toute leur énergie. Certainement les nerfs optiques existent toujours, puisque, comme on l'a vu , la pupille se contracte par la lumière; il doit en être de même de ceux de l'ouïe, du goût, de l'odorat , et surtout de ceux du toucher, puisque la plupart de ces derniers tirent directement leur origine du prolongement rachidien. Il faut donc considérer les lobes cérébraux comme un centre qui, réfléchissant toutes les impressions reçues par les sens, et toutes les irradiations des nerfs de rapport, les convertit en sensations. Cette partie de l'encéphale est pour l'animal, si je puis me servir de cette comparaison , ce que le timbre est pour une pendule : en vain cette machine est parfaitement organisée, et marche régulièrement ; elle ne sonnera pas les heures, si ce timbre n'existe pas; alors le marteau ne frappera que de l'air, et ne produira aucun son.

Il nous paraît donc démontré que les lobes cérébraux sont le foyer unique où toutes les puissances nerveuses se réfléchissent; le dépôt général de toutes les impressions, et la source de toutes les déterminations ainsi que de tous les mouvements volontaires.

M. Flourens portant ses expériences plus loin, détruisit chez une poule, les tubercules quadrijumeaux, sans endommager les lobes; aussitôt l'animal devint aveugle, et le contact de la lumière ne produisit plus ni contraction ni dilatation de la pupille, mouvements qui cependant n'avaient pas cessé d'avoir lieu dans la première expérience; il conclut avec raison de ce fait, que les tubercules quadrijumeaux renferment le foyer de la puissance optique; il ne chercha point à reconnaître ceux des autres puissances de relation extérieure, mais il s'attacha à découvrir les sources diverses des mouvements.

Après avoir fait au cervelet de plusieurs oiseaux de profondes lésions, cet observateur s'étant aperçu que ces animaux perdaient aussitôt la faculté de diriger leurs mouvements, qu'ils tournaient sur eux-mêmes, comme dans un état d'ivresse, pensa avec raison que le cervelet était le régulateur des mouvements volontaires. La destruction de la moelle allongée étant toujours suivie de l'anéantissement des mouvements pulmonaires, et conséquemment de la perte de la vie, il était naturel d'en conclure aussi qu'elle est le siége de la puissance nerveuse, qui préside à la nutrition. Enfin la destruction successive des diverses parties de la moelle épinière étant toujours suivie de celle des mouvements volontaires dans les muscles du corps correspondants à cette partie, M. Flourens en conclut encore que la moelle épinière préside l'ensemble à des mouvements de relation.

§. II.

Les Nerfs du Mouvement ne sont pas les mêmes que ceux du Sentiment.

Des expériences que nous venons de rapporter, et sur lesquelles nous ne nous étendrons pas davantage, il résulte que les foyers de la puissance nerveuse, par laquelle nous prenons connaissance de ce qui se passe en nous, et hors de nous, ne sont pas ceux de cette autre puissance de même nature, en vertu de laquelle nous agissons sur nous-mêmes et sur les corps extérieurs : ou , pour mieux m'exprimer, il paraît que les nerfs du sentiment ne sont pas ceux du mouvement. En effet, on peut priver une partie du corps de la faculté de se mouvoir, sans ôter aux nerfs qui s'épanouissent dans les organes des sens celle de transmettre au cerveau la connaissance des impressions causées par les corps extérieurs. Cependant , quoique chargés de

fonctions si différentes, les nerfs qui se rendent aux muscles, et ceux qui se rendent aux
organes des sens, tirent tous leur origine d'une
substance identique, et sont eux-mêmes si
identiques dans leur composition, qu'il a jusqu'à présent été impossible aux anatomistes et
aux physiologistes d'établir la moindre différence entre eux du moins sous ce rapport. A
la vérité, les uns naissent de la partie posté-
rieure, les autres de la partie extérieure de la
moelle épinière: mais confondus pendant leur
trajet dans une enveloppe commune, ils n'offrent rien de particulier qui ait permis de les
distinguer les uns des autres soit aux points
où ils se distribuent dans les muscles locomoteurs, pour y exécuter les ordres de la volonté,
soit à ceux où ils s'épanouissent dans le
sens de relation, pour recevoir les modifications imprimées à ces organes, et en porter
la connaissance au cerveau. Comment des substances aussi identiques produisent-elles des
résultats aussi différents ; par l'une les corps
extérieurs agissent sur nous, par l'autre nous
réagissons sur eux ; par l'une ils nous modi-

fient, par l'autre nous les modifions? L'un de
ces phénomènes paraît être le résultat d'un
mouvement concentrique, tandis que l'autre
serait celui d'un mouvement excentrique.
Mais jusqu'à présent les physiciens, aussi bien
que les physiologistes, ont en vain tenté de
découvrir la cause prochaine de l'un et de
l'autre de ces mouvements.

Descartes les attribuait à des esprits animaux qui, de la glande pinéale où les sensations les avaient concentrés, étaient dirigés
par la volonté vers tels ou tels muscles locomoteurs; d'autres n'ont pas fait difficulté de
les attribuer à la puissance de l'électricité. Si
nous pouvions adopter une opinion à cet
égard, nous donnerions la préférence à la
dernière, mais nous nous bornerons à quelques conjectures que nous soumettons aux
physiologistes.

§ III.

*Peut-on raisonnablement considérer l'Élec-
tricité comme la cause du double phénomène des Substances et des Mouvements
volontaires.*

Cette question est sans doute difficile à résoudre, et nous sommes loin de prétendre à
l'honneur d'y répondre d'une manière satis-
faisante. Toutefois nous oserons faire quelques
conjectures, déduites d'une théorie qui paraît généralement adoptée par les physiciens
modernes, et par le moyen de laquelle on explique tous les phénomènes de l'électricité, du
magnétisme, de la lumière, et du calorique,
enfin, de quatre fluides impondérables, avec
une précision aussi exacte que l'attraction et
l'affinité expliquent, la première les mouvements des corps solides, la seconde ceux des
éléments qui les composent.

S'il faut s'en rapporter à cette théorie, il

excite un fluide désigné sous la dénomination d'éther, considéré comme un agent universel, et dont l'existence est mise hors de doute par les phénomènes de la chaleur et de la lumière, et auquel paraissent se rapporter ceux de l'électricité et du magnétisme; enfin son influence est telle que l'on pourrait même considérer l'attraction comme le résultat de sa présence autour des molécules des corps.

Mais sans étendre nos vues aussi loin, et en les renfermant dans l'objet qui nous concerne, nous pouvons considérer le fluide électrique comme étant répandu dans tout l'univers; il joue en effet un rôle extrêmement important dans la plupart des opérations de la nature, et quoiqu'à cet égard nos connaissances soient encore très-imparfaites, nous pouvons dire que les deux électricités ordinaires, le galvanisme et les courants électriques agissent puissamment dans le plus grand nombre des phénomènes atmosphériques. Pourquoi donc nous refuserions - nous à reconnaître leur influence dans la composition des corps, dans la végétation et dans l'assimilation? La science n'a peut-être qu'un pas de plus à faire pour trouver dans le fluide électrique la clef de l'organisation vitale.

Ce pas, si jamais on le fait, sera sans doute un pas de géant; et ce n'est pas moi, pygmée, qui oserai le tenter. Je me bornerai ici à de simples conjectures, laissant à de plus habiles que moi le soin d'en constater, ou la futilité, ou la probabilité.

Tous les corps, quelle que soit leur nature, sont susceptibles de prendre deux états électriques différents : l'un vitré ou positif, l'autre résineux ou négatif. Le fluide électrique, sous l'un ou l'autre de ces états, et plus souvent sous l'un et l'autre, est répandu en plus ou moins grande quantité dans tous les corps. Le globe terrestre désigné sous le nom de *réservoir commun*, en est une source inépuisable. On nomme fluide vitré ou positif, celui que le frottement développe sur les substances vitreuses; on nomme fluide résineux ou négatif, celui qui se développe par la même opération sur les substances résineuses. Ces deux fluides *le positif et le négatif* se neutralisent réciproquement dans les corps où ils sont enchaînés ; il résulte de là qu'un corps n'est électrisé qu'autant qu'il passe de l'état neutre à l'état positif ou négatif, c'est-à-dire, qu'il a reçu par le contact d'un autre corps une quantité surabondante de fluide, soit vitré soit résineux : dans le premier cas il est électrisé positivement, tandis que dans le second il l'est négativement ; mais, comme les molécules de chacun de l'un de ces fluides se repoussent, et attirent au contraire celles de l'autre, il en résulte que tous les corps de la nature tendent à se mettre dans un état d'électricité neutre.

Le célébre *Haüy* a observé que la chaleur favorise le développement de l'électricité dans un grand nombre de corps. Il faut remarquer d'ailleurs qu'un corps électrisé, soit positivement soit négativement, se trouvant en contact avec un autre corps à l'état neutre, communique à celui-ci une partie de l'un de son fluide, et lui enlève une partie de l'un des siens jusqu'à ce que l'équilibre se rétablisse chez lui ; mais que la durée de ce partage varie selon la nature des corps.

Les métaux, un grand nombre de substances animales, tous les liquides, excepté l'huile, transmettant facilement l'électricité, sont dits bons conducteurs; tandis que le verre, les résines, la soie qui ne la transmettent pas, sont dits mauvais conducteurs. Ceux-ci passent à l'état électrique par frottement, ceux-là au contraire n'y passent que par communication.

D'après ces considérations, si conformément à l'opinion de M. Ampère, que nous avons déjà rapportée (1), nous admettons que l'éther, ce fluide universel, impondérable, éminemment élastique, soit un composé des deux fluides électriques réagissant l'un sur l'autre, et conséquemment réduits à l'état neutre. Si nous supposons, de plus, que dans cet état, il soit interposé entre les molécules sphériques qui constituent la pulpe nerveuse. Puisqu'il est naturel de penser que les corps n'éprouvent aucune modification, sans qu'il s'opère un changement dans la quantité respective des

_____

(1) Voy. p. 183 de ce volume.

deux fluides qu'ils contiennent, c'est-à-dire, sans qu'il se produise de l'électricité. Il faudra bien que dans tous les cas où les organes des sens seront mis en contact avec un corps étranger, ou frappés par les vibrations sonores ou lumineuses, la quantité respective des deux fluides qui composent l'éther soit changée, et qu'il s'établisse un double courant d'électricité positive et négative qui, comme dans la pile de Volta, se dirigeant de l'organe des sens vers les lobes cérébraux, y produira la sensation ; de là passant au cervelet et à la moelle épinière ébranlera les muscles locomoteurs, et produira les contractions nécessaires au mouvement. On sait que l'explosion soudaine d'un pistolet, venant inopinément à frapper notre oreille, cause chez nous une commotion violente analogue à celle qui résulte d'une décharge électrique, ou de la combinaison subite des deux fluides. On connaît d'ailleurs l'influence de l'électricité atmosphérique sur les animaux, et l'on sait que les personnes sensibles sont affectées long-temps avant les orages, et les prévoient par le ma-

laise qu'elles éprouvent, malaise qui chez quelques individus et surtout chez les femmes hys-
tériques, se porte quelquefois jusqu'aux con-
vulsions.

Mais n'ayant point assez de faits constants
pour appuyer ces conjectures, nous ne les
porterons pas plus loin ; nous ajouterons
seulement à ce que nous venons de dire que
les deux électricités, la positive et la négative,
ayant une tendance irrésistible à se combiner,
tandis que deux électricités du même genre
se repoussent sans cesse, il est impossible
d'approcher l'un de l'autre deux corps élec-
trisés, de quelque manière que ce soit, sans
qu'il s'opère un mouvement de composition
ou de décomposition.

CHAPITRE XIII.

De l'influence des organes de la vie nutritive sur nos sensations et nos déterminations.

Le sens intime se compose de tous les filets nerveux qui régissent nos viscères, et qui, au moyen de leurs anastomoses avec les filets du grand sympathique, portent au cerveau la connaissance de l'état de bien-aise ou de mal-aise où se trouvent les forces vitales. Ces filets n'ayant aucune connexion ni directe ni indirecte avec nos sens, ne peuvent produire aucun changement dans leur constitution, et encore moins dans la nature des impressions qu'ils reçoivent de la part des corps extérieurs. Néanmoins l'expérience et l'observation prouvent tous les jours qu'ils ont une grande

influence sur la nature de nos sensations et
de nos déterminations.

Quand un individu est pressé par la faim,
l'odeur seule d'un mets peut produire chez
lui une impression assez vive pour exciter la
sécrétion salivaire; la saveur des aliments les
plus simples lui cause une sensation d'autant
plus agréable que le besoin est plus pressant,
et cependant cette saveur restant la même, le
sens du goût n'ayant éprouvé aucun changement, cette sensation agréable se convertit en
dégoût lorsque le besoin est satisfait; l'odeur
même de cet aliment qui nous avait paru
si délicieuse nous cause de la répugnance.
Cependant l'impression a toujours été la
même, puisque l'on ne peut pas dire que
rien ait été changé, ni dans le corps qui la
produit, ni dans l'organe qui la reçoit: la sensation seule, d'agréable qu'elle était d'abord,
est devenue désagréable; et il en est résulté
une détermination également opposée à celle
qui avait eu lieu d'abord.

Attiré par l'odeur des mets, nous nous en
étions approchés avec empressement, et nous

les avions savourés avec plaisir ; maintenant nous nous en éloignons, ou nous les rejetons. Laissez renaître la faim, et vous rechercherez avec un nouvel empressement, vous savourerez avec un nouveau plaisir, ce que vous rejetez et qui vous cause de la répugnance, à présent que ce besoin est satisfait. Il ne faut pas croire toutefois que le dégoût et la répugnance que nous éprouvons pour un aliment dont nous sommes rassasiés , ait pour seule cause la cessation de la faim. S'il en était ainsi , toute autre substance alimentaire nous causerait une sensation aussi désagréable que la première , et nous avons déjà vu qu'en variant les impressions du sens du goût par des substances de diverse nature, on variait les sensations et l'on réveillait l'appétit (1), ou plutôt le désir de manger. Il est certain que plusieurs stimulants combinés dans un seul mets, font en général une impression plus profonde sur les nerfs du goût, et produisent conséquemment une sensa-

(1) Page 73 et suivantes de ce volume.

tion plus vive, qu'un aliment simple. L'odeur d'une seule fleur est certainement la cause d'une sensation agréable; mais celle que nous respirons dans un parterre, où mille plantes remplissent l'air de leurs douces émanations, excite en nous un sentiment de plaisir beaucoup plus vif.

Il en est de même relativement aux sensations que nous devons à l'ouïe, à l'oreille et même au toucher.

La répétition d'un seul son finit par devenir fatigante et ennuyeuse, et la fatigue ainsi que l'ennui sont deux affections également désagréables. Un air même, quoique plein de charme et d'agrément pour celui qui l'entend pour la première fois, finira par lui causer une sensation pénible, si on le lui fait entendre trop souvent. Un discours prononcé sur le même ton, quelque intéressant qu'il puisse être par le nombre des idées qu'il fait naître, ou réveille dans l'esprit, fatigue les auditeurs, par le désagrément de sa monotonie. Aussi l'élocution est-elle la partie sinon la plus importante, du moins la plus séduisante de l'art oratoire.

Quant à ce qui regarde le sens de la vue, comme le plus parfait de tous, il est le plus capable d'embrasser un grand nombre d'objets. Il est aussi celui dont les impressions doivent être les plus variées pour que les sensations qui en résultent ne deviennent pas fastidieuses. Mais la nature a pourvu à cet inconvénient par la variété des couleurs qu'elle étale aux yeux, par la diversité de leurs associations, par celle des formes des objets, par le nombre infini de ses tableaux, tantôt imposants par leur majesté, tantôt séduisants par les variations infinies de la lumière et de l'ombre.

Les sensations que nous procure cet organe par la dégradation graduelle des formes, par les nuances successives que donnent aux objets les divers contrastes de l'ombre et de la lumière sont très-nombreuses; et quoique très-communes, elles sont si diversifiées, qu'elles nous causent sans cesse de nouveaux plaisirs. Et pour nous borner à ce qui regarde les formes de l'espèce humaine, n'est-ce pas à cause de la diversité et de l'harmonie qui règnent entre elles, que nous contem-

plons avec tant de délices les statues de la
Vénus, de l'Apollon, de la Diane, de l'Anti-
noüs, etc.

C'est dans la diversité que consiste la perfection de tous les beaux-arts, c'est de la
diversité encore que naissent les illusions
qu'ils produisent sur nous. Si dans une co-
médie, dans une tragédie, dans un roman, nous
trouvons plusieurs fois un personnage dans
une même situation, à coup sûr, l'ouvrage
nous paraîtra fastidieux. Ce n'est pas seulement
à diversifier les impressions d'un seul sens que
consiste la perfection des beaux-arts, mais
c'est à en produire sur plusieurs sens à la
fois. Aussi rien n'est-il plus enchanteur que
ces spectacles où les oreilles sont émues par
tout ce que l'harmonie et la poésie offrent de
plus flatteur; où le spectateur voit tour-
à-tour passer sous ses yeux une multitude
de prêtresses de Thalie, d'Euterpe et de
Therpsicore, qui dans des groupes variés
étalent leurs charmes les plus secrets à de-
mi-voilés; où enfin le luxe et la pompe théâ-
trale déploient ce qu'ils ont de plus brillant

et de plus magnifique. Sous les empereurs romains, on joignait encore dans les théâtres à
toutes les impressions que peuvent produire
sur les yeux et sur les oreilles la danse, les
lumières variées, la richesse des costumes, le
son des voix et des instruments de musique,
celles que les parfums les plus suaves peuvent
faire sur l'odorat.

A l'égard du sens du toucher, il est certain,
et nous éprouvons tous les jours qu'une
impression toujours uniforme finit par devenir désagréable. Un certain degré de titil-
lation est flatteur; mais est-elle long-temps
continuée, elle cause des douleurs insuppor-
tables. Une température modérée produit une
impression douce sur celui qui sort d'un lieu
très-chaud ou très-froid; mais cette même
température devient indifférente, ou plutôt
ne produit plus d'impression sur les sens,
lorsque l'on reste long-temps sans en changer.

« On observe, dit *Burkke*, que la partie
» d'une belle femme qui présente le plus de
» charmes, est celle que nous nommons le
» sein ou la gorge: et cela parce que sa dou-

» ceur, son élasticité, ses contours moelleux;
» sa surface qui varie sans cesse, et n'est nulle
» part la même; parce que le séduisant laby-
» rinthe formé par les lignes qui en détermi-
» nent la surface, et sur lesquelles les yeux en-
» chantés se promènent agréablement, sans sa-
» voir s'ils se fixeront, ni s'ils continueront à
» parcourir tant de charmes, » flattent à-la-
fois les sens de la vue et du toucher.

L'ennui naquit un jour de l'uniformité, dit
un célèbre poète. L'uniformité produit en
effet la satiété, de celle-ci naît l'ennui qui jette
le trouble dans les viscères, et qui par un
sentiment de malaise porté au cerveau rend
cet organe incapable de jouir d'aucune sensation. C'est souvent pour échapper à l'ennui et
à la satiété, que les hommes cherchent sans
cesse de nouvelles impressions, qu'ils épuisent
tous les genres de stimulation; mais lorsqu'ils
n'en peuvent plus trouver de nouveaux, après
avoir fatigué leurs sens par toutes sortes
d'excès, ils tombent dans une langueur et un
abattement, dont ils ne peuvent sortir que
par des pratiques qui font la honte de l'hu-

manité, le déshonneur de ceux qui les em-
ploient et de ceux qui les aident à les employer.
Ces malheureux, dont tous les sens sont dépra-
vés, semblent avoir perdu jusqu'au sentiment
de leur existence; ils ne trouvent de plaisir
que dans la douleur et de jouissance que dans
ce qui ferait le tourment des autres, et aurait
fait le leur avant l'entière dépravation de leurs
sens extérieurs et de leur sens intime.

Les différents âges de la vie, sans rien changer ni dans les organes des sens, ni dans
leurs extrémités nerveuses, ont cependant une
grande influence sur la nature des sensations.

Dans l'enfance où la pulpe cérébrale est
molle, où les extrémités nerveuses se développent dans des tissus lâches et humides, les
sensations sont fugitives, se succèdent avec
une extrême rapidité, et ne laissent aucune
trace durable. Aussi voit-on les enfants passer
incessamment, de la joie à la tristesse, et des
pleurs aux ris. Mais, comme la réaction du cerveau est encore très-faible chez ces petits êtres,
il s'ensuit que ces sensations multipliées ne
laissent après elles aucune impression. Aussi,

quoique la curiosité des enfants soit extrême, quoiqu'ils cherchent à connaître et à scruter tous les corps qui les environnent ; ils ne conservent la mémoire d'aucun de ceux qui n'ont point rapport avec le but principal que se propose la nature, à ce premier âge de la vie ; ce but est l'accroissement et le développement des fonctions. Les enfants connaissent parfaitement leur nourrice, son approche excite chez eux un sentiment de joie; mais les autres objets ne leur inspirent qu'une curiosité vague, et ne leur causent que des sensations, presque aussitôt oubliées que perçues.

La curiosité chez ceux du premier âge ne va pas au-delà de l'exploration de la surface des corps : tant qu'ils ne peuvent pas s'en approcher d'eux-mêmes et les saisir, ils s'inquiètent peu de leur qualité intrinsèque; mais dès qu'ils peuvent user de leurs membres thorachiques et abdominaux, cette curiosité va beaucoup plus loin : on les voit briser leurs jouets, les disloquer dans l'intention de savoir ce qu'ils contiennent : et cet esprit d'investigation les distingue des petits animaux qui ne cherchent jamais à pénétrer dans la nature intime des choses, parce que l'exploration des surfaces suffit et suffira toujours à leur besoin.

A cette époque, la mémoire des enfants acquiert plus d'étendue et de ténacité; c'est surtout entre la première et la seconde dentition que cette propriété de l'esprit paraît marcher à grands pas vers son entier développement; c'est aussi le temps de la vie le plus favorable à la première instruction : la curiosité se dirige alors vers des objets bien différents de ceux qui l'avaient excitée antérieurement ; les sensations deviennent plus profondes, l'adresse commence à se développer, les mouvements à devenir plus réguliers ; c'est l'âge où le mouvement et les exercices sont la plus grande jouissance de la vie.

Aux approches de la puberté, tout change de face : les objets extérieurs, quoique produisant toujours les mêmes impressions sur les sens, excitent cependant des sensations toutes différentes. Le développement d'un organe fait naître d'autres désirs. L'imagination s'exalte, elle voit tout dans le présent et l'avenir, le passé semble effacé de la mémoire, au point que cette propriété de l'esprit paraît s'éteindre pour un moment. Une femme pour le jeune homme n'est plus le même être qu'avant, il n'ose l'aborder qu'avec une certaine crainte mêlée de désirs et d'espérance; il en est de même de la jeune fille par rapport à l'homme. Les sensations produites par l'odorat s'exhalent à cette époque, les odeurs agréables paraissent plus suaves, et les fétides inspirent plus de répugnance; les yeux paraissent plus sensibles à l'éclat des couleurs, les oreilles à l'harmonie; les sensations sont plus concentrées, et les sentiments sont à la fois plus expansifs et plus profonds : il semble que le jeune homme et la jeune femme cherchent à retenir au dedans d'eux-mêmes la flamme vitale qui les brûle, et semble prête à leur échapper. A cette époque, le goût se déprave quelquefois, et l'on rencontre un grand nombre de jeunes gens qui mangent avec avidité des substances qui plus tôt leur avaient inspiré et qui plus tard leur inspireront la plus grande répugnance; tant il est vrai que, sans rien changer à la nature des impressions, ni à celle des sens qui les reçoivent, le développement d'un organe peut exalter ou dépraver les sensations.

Ce que nous venons de dire prouve évidemment que le sens intime a la plus grande influence sur nos sensations et nos déterminations ; mais de leur côté nos facultés intellectuelles réagissent puissamment sur les fonctions de la digestion, de la respiration, de la circulation, enfin sur tous les organes de la vie de nutrition.

CHAPITRE XIV.

De l'Influence des sensations, et des Facultés morales sur le physique de l'homme.

L'HOMME, comme tous les autres animaux, tendant naturellement à sa conservation individuelle, est porté à rechercher tout ce qui peut lui causer des sensations agréables, et à éviter tout ce qui peut au contraire lui en causer de pénibles. Tout ce qui nous procure du plaisir nous paraît tendre à notre conservation, et tout ce qui nous cause de la douleur nous paraît au contraire tendre à notre destruction ; cela peut être vrai en général, mais cela ne l'est pas toujours : car le plaisir, aussi bien que la douleur, ne sont que des moyens employés tour-à-tour par la nature pour nous avertir de notre existence. La faim et la soif sont deux besoins toujours accompagnés d'un sentiment pénible. Il nous avertit qu'il importe à notre conservation, que nous cherchions les moyens de les satisfaire. Quand nous avons trouvé ces moyens, nous éprouvons une sorte de plaisir, qui nous est commun avec toutes les espèces vivantes, et qui ne vient d'aucune impression produite directement ou indirectement sur aucun de nos sens, mais qui résulte seulement de la certitude que nous avons acquise de pouvoir bientôt calmer ces deux besoins, et de ne pas supporter longtemps la peine qu'ils nous causent.

Si l'aliment et la boisson propres à calmer notre faim et notre soif sont éloignés de nous, nous consultons notre sens intime qui nous indique quel est celui de ces besoins qui est le plus pressant, et alors notre volonté imprime à nos muscles locomoteurs un mouvement en vertu duquel nous nous dirigeons vers la boisson, si c'est la soif qui est la plus pressante, et vers les aliments solides, si c'est la faim. Ce mouvement sera d'autant plus rapide, que l'un ou l'autre de ces sentiments aura agi plus fortement sur notre volonté, et celle-ci sur nos organes locomoteurs.

On voit donc que dans ce cas, et dans tous ceux qui lui sont semblables, ou seulement analogues, il est impossible de ne pas reconnaître l'influence mutuelle que le physique et le moral exercent l'un sur l'autre.

Mais il est des circonstances où l'on a paru douter de cette influence, parce que la physiologie n'avait encore découvert aucun moyen de l'expliquer. Comme on avait fait des grands sympathiques un système particulier indépendant des autres foyers de la puissance nerveuse, il était impossible d'expliquer comment il pouvait se faire que certaines passions, telles que la frayeur, la tristesse, etc., ralentissent la respiration et la circulation, et que la joie et la colère rendissent ces fonctions plus actives.

Mais des observations et des expériences plus exactes, ayant prouvé jusqu'à l'évidence, que le grand sympathique tirait son origine de la moelle épinière, et que celle-ci par l'intermédiaire de ce nerf exerçait une si grande puissance sur les mouvements du cœur et sur tous les organes où il se distribue, que la destruction de cette moelle arrêtait la circulation, et tous les mouvements des viscères intestinaux, il ne fut pas difficile d'expliquer comment, sous l'empire de quelques passions, la puissance nerveuse tout entière se trouvant affaiblie, et comment sous celui de certaines autres, se trouvant exaltée, il en résultait ou plus de lenteur, ou plus de vitesse dans les mouvements des viscères abdominaux, quoiqu'ils ne soient pas soumis à la volonté qui n'a d'influence que sur quelques points de la moelle épinère et de l'encéphale.

C'est parce que ces considérations avaient échappé à Bichat, qu'il regarda le cœur et les autres organes intestinaux comme étant le véritable siége des passions. Cependant les sentiments qui les excitent sont évidemment le résultat des impressions faites sur le cerveau, par les organes des sens : et pour ne parler ici que de l'amour physique, n'est-il pas certain que chez tous les animaux, et souvent même chez l'homme dont l'imagination est si puissante, l'orgasme des organes sexuels n'est ordinairement excité que par la présence, l'odeur ou le contact d'un individu de la même espèce et d'un autre sexe.

CHAPITRE XV.

*De l'Influence de nos besoins sur notre indus-
trie et notre intelligence.*

La nature s'est montrée plus favorable à l'homme qu'aux autres animaux en le douant d'une
sensibilité plus exquise et d'une plus grande
intelligence. Mais en fesant à notre espèce des
dons si précieux, elle lui a refusé cette rectitude
d'instinct, au moyen duquel les autres pourvoient sûrement à leur conservation. Tandis que
parmi les animaux les uns trouvent sur la surface du globe, les autres dans la profondeur
des eaux, les aliments nécessaires à la nutrition
de leurs organes; l'homme est obligé par son
travail et par son industrie à forcer le globe
de produire ceux qui conviennent à son goût,

15.

à son estomac et à sa constitution ; il est donc condamné à féconder la terre de ses sueurs ; aussi en change-t-il et en embellit-il la surface pour son utilité ; il fait plus : souvent il pénètre dans ses entrailles, et en tire les matériaux nécessaires à sa conservation ; ainsi sans son industrie et son intelligence, il serait le plus malheureux des êtres vivants, car la nature lui a refusé jusqu'à la nourriture qu'elle prodigue à toutes les autres espèces.

Nos besoins d'ailleurs sont plus étendus que ceux des habitants des forêts. Ils sont vêtus des mains de la nature, les arbres, les cavernes leur offrent des asiles suffisants contre l'intempérie des saisons ; l'herbe des prairies, les fruits sauvages servent de pâture au bœuf, au cheval, aux oiseaux ; ceux-ci à leur tour satisfont la faim du lion, du tigre, de l'aigle, de l'autruche : ces animaux carnivores ont la force de triompher de leur proie ; un odorat exquis leur indique ses traces, et leur vitesse la leur fait atteindre. Les oiseaux de proie ont le vol plus rapide que ceux dont ils se nourrissent. L'homme n'a rien de tout cela, la sur-

face de son corps est plus sensible aux vicissi-
tudes de l'air que celle des bêtes sauvages, et
elle n'est couverte ni de plumes comme celle
des oiseaux, ni de poil, ni de laine, comme
celle de la plupart des quadrupèdes, ni d'é-
cailles comme celle des poissons et des reptiles ; il faut qu'il se procure lui-même des
vêtements pour se préserver et du froid et du
chaud, et des attaques de ces insectes innombrables qui couvrent la surface de la terre,
ou remplissent l'air dans les forêts, les valons,
les montagnes et les cavernes ; le feuillage
des arbres n'est point pour lui un asile
suffisant contre les injures de l'air, et les
attaques des animaux carnassiers, et même
des animalcules les plus vils qui le dévore-
raient pendant son sommeil, il faut qu'il se
construise lui-même une habitation ; tous les
animaux ont cet instinct qui leur fait sûrement
reconnaître leur pâture ; l'homme qui porte
le nez en l'air, l'œil vers le ciel, ne voit pas,
ne sent pas parmi les plantes qui croissent
à ses pieds, celles qui conviennent à sa substance, et d'ailleurs si ce n'est dans quelques

climats heureux, la nature ne produit spontanément que très-peu de végétaux propres à sa nourriture.

La chair des animaux carnivores ne convient point à son goût ni à son estomac, et parmi ceux-ci il en est qui le convoitent et le dévorent ; les insectes qui vivent de son sang, lui font une guerre d'autant plus cruelle qu'ils lui échappent par leur petitesse, et qu'il en est qui s'introduisent et se logent sous sa peau. La chair des oiseaux ou des quadrupèdes frugivores lui offrirait sans doute une nourriture abondante, si les uns n'échappaient à son appétit par la rapidité de leur vol, les autres par celle de leur course. Parmi les poissons je ne vois que quelques molusques qui ne puissent pas se soustraire à ses besoins.

Ainsi il faut que l'homme gagne sa nourriture par son industrie, et qu'il force, pour ainsi dire, la terre à la lui produire ; cependant il faut remarquer que la nature a pourvu à sa subsistance pendant le temps où il est aussi faible de corps que d'esprit. L'enfant trouve un aliment salutaire tout préparé dans le sein de sa mère, mais il faut que cette mère se procure elle-même la sienne sous peine de mourir avec son enfant, et celui-ci vivra plusieurs années avant d'être en état de se la procurer lui-même, car ce n'est pas par son instinct seul que, comme les animaux, il reconnaîtra ce qui lui convient ; ce n'est qu'après avoir long-temps comparé entre eux les objets qui tombent sous ses sens, qu'il parvient à discerner ceux qui lui peuvent être utiles, de ceux qui lui seraient nuisibles ; encore dans cette investigation a-t-il besoin d'être long-temps aidé de l'expérience de ses parents.

Un garçon âgé de quatre ans environ, laissé seul par ses parents dans une chambre du quatrième étage, s'avisa de prendre avec des pincettes des charbons ardents dans l'âtre, et de les placer dans le devant de sa robe. Ce vêtement ne tarda pas à s'embraser, et le petit malheureux, aux atteintes du feu, poussant des cris affreux, arrachés par des douleurs plus affreuses encore, alla se réfugier sous le lit de sa mère. Un des voisins, attiré par ces cris, monta, il s'aperçut à la fumée

qui sortait par la porte, que le feu était dans
la chambre, mais cette porte était fermée à
la clef. Le voisin prit le parti de descendre
chez une fruitière, d'y prendre une hache,
et d'enfoncer la porte avec cet instrument.
La chambre était remplie de fumée, mais
apercevant une lueur de feu sous le lit, il
s'y enfonça, en retira la jeune victime;
mais il n'était plus temps. L'enfant vivait
encore, mais chez lui la peau de l'abdomen,
celle qui recouvre les parties sexuelles étaient
absolument roties, et les secours furent inutiles.

Ainsi à quatre ans cet enfant n'avait pas
l'instinct plus sûr que le papillon de nuit,
qui attiré par l'éclat de la lumière, va s'y
brûler les ailes.

On pourrait citer mille exemples analogues,
qui tous tendent à prouver que pendant la
longue enfance, et même pendant tout le
cours de sa vie l'homme, n'est jamais doué d'un
instinct assez sûr pour se procurer les objets
dont il a besoin : mais encore pour échapper
à ceux qui peuvent lui nuire ; ces objets sont

trop nombreux pour qu'il puisse, si ce n'est par une longue expérience acquérir la connaissance de leurs propriétés nuisibles ou favorables à sa conservation.

C'est sans hésiter que le poulet sortant de la coque, saisit le grain propre à sa nourriture; vous détournerez une tortue qui vient d'éclore de la route qui conduit à la mer, elle la reprendra toujours invariablement; la poule appelle envain sur les bords d'un marais les canards qu'elle a couvés, ceux-ci sans s'inquiéter des cris de celle à qui ils doivent leur naissance, nagent et barbottent dans les eaux fétides qui leur fournissent leur subsistance; l'aigle s'élève vers la nue, dès qu'il peut déployer ses aîles; le lion s'élance dans les déserts, et court sur sa proie, dès qu'il a la force de la saisir. Enfin la nature a placé dans chaque animal un instinct conservateur et infaillible; l'homme seul en est dénué, et s'il est remplacé chez lui par une intelligence supérieure, cette intelligence ne peut être développée que par une expérience trop longue, pour que sous quelque climat qu'on le suppose placé, il puisse vivre, et se conserver sans le secours de ses semblables; nous ne parlons pas ici de la conservation de l'espèce qui, dans les végétaux comme dans les animaux, ne peut quoiqu'elle soit le but principal de la création, avoir lieu sans le concours de deux individus de sexe différents.

Racine dit : *aux petits des oiseaux Dieu donne la pâture.* Il est cependant évident que Dieu ne donne cette pâture à l'homme qu'à une condition qui exige à la fois, l'exercice de ses facultés physiques et intellectuelles, et souvent le concours de ses semblables.

Les Chaldéens qui, comme on sait, habitaient les contrées les plus heureuses de l'Asie, et les plus fertiles en productions propres à la nourriture de l'homme, ont composé un livre d'où il résulte évidemment que selon leur opinion l'espèce humaine n'a jamais existé dans un état entièrement sauvage.

En effet, ils supposent avec les Phéniciens, les Égyptiens et les Juifs, que Dieu, après avoir créé les végétaux et les animaux, s'avisa de placer le premier homme et la première femme dans un jardin délicieux, où la nature produisait spontanément les fruits les plus délicieux. Ce premier homme et cette première femme étaient l'un et l'autre dans toute la vigueur de l'âge, mais Dieu sentant bien que des forces dont on ne peut savoir faire usage qu'après les avoir exercées ne sont pas d'un grand secours, et craignant que ces deux créatures ne fussent victimes de la voracité de quelque lion, ou de quelque tigre, fit un pacte avec les animaux, et les menaça de leur demander compte du sang des hommes qu'ils auraient mordus et mangés. Dieu ne se contenta pas de cela, il sentit bien qu'Adam et sa compagne ignorant la nature des fruits qui croissaient dans le jardin où ils les avaient placés, n'oseraient certainement pas en faire usage, il se promena plusieurs fois avec eux, et leur montra tous les arbres dont ils pouvaient manger les fruits, en exceptant seulement un seul qu'il appela l'arbre de science.

Que conclure de ce livre dont l'origine se perd dans la nuit des temps et que la plupart des peuples qui ont habité les contrées qui

sont comprises depuis le Nil jusqu'à l'Euphrate,
et depuis l'Euphrate jusqu'au Gange, ont reconnu comme la base fondamentale de leur doctrine religieuse ? Certainement, quand on voit
le créateur de toutes choses faire croître dans le
séjour qu'il destine à l'homme mille fruits délicieux, propres à la nourriture de cet animal à
deux pieds, sans poil et sans plumes; quand on
voit Dieu être obligé de prendre cette créature
par le bras pour lui apprendre à marcher, de
la conduire dans le jardin, et de lui faire successivement reconnaître tous les aliments dont
elle peut faire usage, ne doit-on pas croire que
tandis que les autres animaux avaient reçu
en naissant la faculté de reconnaître ce qui
était propre à leur nourriture, elle avait été
refusée à l'espèce humaine aussi faible alors
de corps que d'esprit; et que tous les peuples
même les plus sages de l'antiquité ont été
obligés d'adopter ce livre chaldéen pour expliquer en même temps la création de l'homme,
et sa conservation individuelle, pour laquelle
Dieu ne lui a réellement donné ni un instinct assez juste ni des forces suffisantes.

Quoi qu'il en soit, quand ce premier homme et la première femme eurent appris à boire, à manger, à marcher; ils sentirent bien qu'il leur manquait encore quelque chose, et pour acquérir ce quelque chose, ils mangèrent du fruit de l'arbre de science, ce que Dieu ayant vu, et sentant bien que les créatures pouvaient alors se suffire à elles-mêmes, il les chassa de son paradis, et les condamna, l'homme à féconder la terre de ses sueurs, et la femme à enfanter avec douleur.

Les prêtres qui ont voulu que l'homme ne pût rien savoir par lui - même, non contents de reconnaître qu'il n'était pas en état de se conserver et de propager son espèce par ses seules facultés instinctives, lui ont encore refusé jusqu'à l'intelligence suffisante pour inventer les arts, les sciences et les lois; il les lui ont fait révéler par des divinités; ici c'est Triptolème qui invente la charrue; là c'est Bacchus qui plante la vigne; Appollon qui invente l'arc; Egérie qui dicte des lois aux Romains, etc. Ainsi, selon la plupart des législateurs, politiques et religieux, l'homme n'a

justement que la dose d'intelligence qui lui
est nécessaire pour croire et pour se laisser
gouverner. Ainsi ces fables n'ont été qu'un
voile spécieux qui a servi à des fanatiques,
de moyens pour déguiser la vérité à des hommes ignorants comme eux, mais sans doute
moins ambitieux, moins cruels et moins orgueilleux; cette manière de faire intervenir la
Divinité dans toutes les actions de l'espèce humaine, et dans toutes les pensées des individus
qui la composent, est aussi absurde qu'elle
est deshonorante pour la Divinité elle-même.

Il fallait dire aux hommes, vous êtes sous
le rapport physique les plus faibles des animaux; vous ne dominez sur eux que par
votre intelligence; cultivez donc votre intelligence, afin de remplir votre glorieuse destinée. Mais il est bien plus facile de séduire des
imbéciles et de commander à des hommes phy-
siquement vigoureux, mais ignorants, que de
persuader et de gouverner par la raison et la
vérité, des individus dont les forces physiques
et morales ont reçu tout le développement
dont elles sont susceptibles.

S'il existait dans le monde une contrée où les hommes pussent trouver sans peine et sans force tout ce qui est nécessaire à leur conservation, ils seraient à la fois, les plus faibles, les plus stupides et les plus méchants des animaux. Ce qui se passe encore tous les jours ici bas en est la preuve la plus évidente; en effet, ce sont les climats où la nature fait le plus de frais pour l'homme, et où par conséquent l'homme n'est obligé de faire que peu de chose pour lui-même, qui ont vu naître ces lois absurdes et cruelles qui dégradent encore aujourd'hui leurs misérables habitants. Là, les peuples sont soumis au despotisme le plus épouvantable, non que les despotes y soient forts, mais parce que ceux à qui ils commandent y passent leur temps, les uns, dans la misère et l'oisiveté, qui font dégénérer les forces physiques et morales de l'homme; les autres, à tourmenter ceux sur lesquels ils ont de l'autorité, en attendant que le maître commun les envoie au supplice. Leur imagination est ardente, leur raison est faible, et quand la première de ces facultés n'est pas dirigée par la seconde, elle donne toujours dans des écarts pernicieux. Ces pays sont ceux des lions, des tigres, des panthères, des reptiles les plus venimeux, et de la partie de l'espèce humaine la plus abjecte, la plus malheureuse et la plus méchante ; je le répete, où l'homme n'a rien à faire de bien pour lui-même, il ne fait que du mal à son espèce.

C'est une vérité constante que la nécessité est la mère de l'industrie, et que dans tous les pays où l'homme ne sera pas comprimé par des lois despotiques, ou trompé par de grossiers mensonges, ses forces physiques et morales prendront un accroissement proportionné à l'usage que ses besoins le forceront d'en faire. Mais on estime que comme les forces physiques ont pour chaque individu une mesure qu'il ne peut jamais dépasser, de même son intelligence est toujours renfermée dans un certain cercle d'idées dont il ne peut sortir. Je veux bien admettre cette proposition comme vraie, mais je n'en soutiendrai pas moins que l'espèce humaine est susceptible d'une perfectibilité physque et intellectuelle à laquelle il est impossible d'assigner des bornes.

En effet si l'on considère l'homme individuellement, on s'aperçoit d'abord que de tous les animaux, il est celui dont la *constitution* présente le moins de résistance aux forces perturbatrices de la nature , que sous le rapport des organes locomoteurs, il est aussi le plus faible de tous les animaux de sa grandeur : mais si au contraire on le considère collectivement, c'est-à-dire, usant des avantages que lui procure l'état de société dans lequel il vit avec ses semblables, on verra que son espèce a seule, malgré la faiblesse de sa constitution, le privilège de pouvoir exister et se perpétuer sous les zones équatoriales, et au milieu des glaces polaires. Mais abandonnons cette considération générale , réduisons nos observations aux faits qui se passent journellement sous nos yeux, et il nous sera démontré que dans certains genres de travaux dix individus exécuteront en un jour, ce qu'un seul n'aurait point exécuté en un mois; d'où il faut conclure, 1°, que la force d'un individu isolé étant égale à l'unité, celle de chacun des individus qui agissent de concert et dans le même temps, devra, toutes choses étant égales d'ailleurs, être évaluée à 3, ce qui donne un produit triple.

Éclaircissons ceci par un exemple : supposons que dans un mois, en travaillant douze heures par jour, un seul homme puisse exécuter un fossé ayant 20 pieds de largeur, 10 de profondeur et 30 de longueur, c'est-à-dire fouiller et transporter sur les bords de ce fossé 4000 pieds cubes de terre ; dix hommes, dont cinq seront employés à creuser et cinq au transport des terres, feront dans le même espace de temps un fossé de neuf cents pieds de longueur, c'est-à-dire qu'ils enlèveront 180000 pieds cubes de terre, et feront dans le même espace de temps trente fois plus de travail qu'un seul, s'ils savent bien se partager la besogne. C'est sur ce principe que sont fondés les avantages de la division du travail dans toutes les fabriques dirigées par des hommes intelligents.

C'est aussi ce principe du concours et de la réunion des forces, qui rend croyables ces

victoires étonnantes remportées sur une multitude innombrable de Perses combattant
sans ordre, par quelques milliers d'anciens
grecs unis sous des chefs habiles. Mais si nous
sortons du domaine de la physiologie et si
nous entrons dans celui de la psycologie,
ou dans l'examen des facultés résultant
de notre intelligence, enfin si nous examinons
avec attention cette faculté de l'homme,
sur laquelle repose sa supériorité sur les
autres animaux, et d'où dérive la direction de ses forces physiques, nous nous
apercevons d'abord que le cerveau d'un individu n'est capable de contenir qu'un certain
nombre d'idées, et que par conséquent considérée sous ce point, la perfectibilité individuelle n'excède pas certaines bornes fixées par
la capacité cérébrale accordée par la nature
aux individus mêmes les plus parfaits de l'espèce humaine; et que cette capacité ne s'étend
pas aussi loin qu'on pourrait le croire.
Si l'on considère que la supériorité intellectuelle de chaque individu tourne au profit de
la société entière et que dans cent mille genres

16.

particuliers, il peut se trouver un homme dont l'intelligence surpasse de beaucoup celle des autres, on concevra que l'industrie, les arts, les sciences, etc., auront pris un accroissement qui sera en raison de la supériorité de chacun de ces individus, et que conséquemment il n'y a de véritables bornes à la perfectibilité sociale que celles du nombre des individus qui la composent; d'où l'on doit conclure, en raison de la rapidité avec laquelle se communiquent actuellement les idées entre les individus d'une même nation et se répandent chez tous les peuples civilisés, que cette perfectibilité ne peut avoir de limites.

Nous devons donc regarder tous ceux qui veulent élever les peuples dans l'ignorance, la superstition, le fanatisme, comme les ennemis les plus déclarés de la société, comme des hommes qui marchent dans des chemins contraires à ceux de la Providence, qui ne nous a doués de l'intelligence et de la raison que pour assurer notre supériorité sur les animaux et nos moyens d'existence sur la terre.

Ces ennemis de l'humanité, qui tendent à répandre partout les ténèbres de l'ignorance, savent bien que la véritable force de l'homme consiste dans les lumières qu'il doit à l'intelligence dont le Créateur l'a doué. En empêchant chez lui le développement de cette faculté, ils affaiblissent ou plutôt rendent nulles toutes les autres; ainsi ils peuvent impunément river dans l'obscurité les fers de leurs semblables. Ils sont d'autant plus coupables qu'aucun d'eux n'ignore combien l'ignorance et la superstition sont funestes et dégradantes pour l'espèce humaine; tous savent que le seul fondement de l'autorité avec laquelle ils la gouvernent, est la supériorité des connaissances qu'ils ont acquise sur ceux qui en manquent entièrement.

CHAPITRE XVI.

*Résumé de ce qui a été dit jusqu'à présent
sur les Fonctions de l'Homme.*

———

Nous avons vu jusqu'à présent qu'une cause
unique et intelligente avait donné naissance
aux corps organisés qui végètent ou qui vivent sur la terre ; que l'organisation était
le résultat de l'harmonie entre les fonctions,
en vertu desquelles tous les phénomènes
de la vie s'exécutent chez tous les êtres vivants d'après des lois propres à leur genre et à
leur espèce ; que cette harmonie dans les animaux comme dans les végétaux, était fondée
sur la sensibilité particulière à chacun de leurs
organes ; que cette sensibilité était la même
partout, et que la différence des phénomènes

qui en résultaient n'avait pour cause que celle des tissus. En effet, avons-nous dit, la sensibilité de l'œil est la même que celle de la peau : cependant l'œil nous transmet la sensation de la couleur des corps, et la peau nous transmet celle de leur température : mais cette différence entre ces deux phénomènes vient de ce que l'œil est construit de manière à être sensible aux couleurs, tandis que la peau est faite pour éprouver l'impression du froid et du chaud. Le même moteur peut mettre en action une infinité de mobiles différents, dont chacun donnera des résultats divers. C'est donc de la différence entre la construction des organes, et non de leur sensibilité particulière, qu'il faut déduire la diversité des phénomènes vitaux qui sont propres à chacun d'eux.

Pour se rendre compte des sensations que nous font éprouver les corps avec lesquels nous sommes en rapport, et des phénomènes du mouvement volontaire, on a attribué aux nerfs la sensibilité, et l'irritabilité aux muscles; ainsi l'on a voulu expliquer par deux mobiles différents les deux principaux phénomènes de la vie, qui sont le sentiment et le mouvement. On n'a tenu aucun compte de la différence des tissus, et l'on n'a pas compris que si celui des muscles était le même que celui des nerfs, quand on considérerait l'irritabilité comme le principe moteur des premiers, et la sensibilité comme celui des seconds, on n'avancerait en rien l'explication des phénomènes du mouvement et du sentiment, on n'aurait donc point résolu la difficulté. En effet, il est constant que si l'on met un moulin à blé en mouvement par la force de l'eau ou par celle de l'air, il en résulte toujours de la farine.

Il ne fallait donc rechercher d'autre cause à la différence des phénomènes vitaux que celle de l'organisation des différentes fonctions. Le foie sécrète de la bile, les glandes salivaires sécrètent de la salive, l'estomac et les intestins convertissent les aliments en chyle, les gros intestins excrètent le surplus de ces aliments, parce que chacun de ces organes est constitué de manière à remplir la fonction qui lui est propre. Les oiseaux volent, parce qu'ils ont des ailes ; les poissons nagent, parce qu'ils peuvent se soutenir dans l'eau comme l'homme dans l'atmosphère ; ainsi il ne faut attribuer les phénomènes vitaux, propres à chaque espèce, qu'à la différence de leur organisation particulière.

Et puisque dans les individus l'intégrité de la vie résulte de l'harmonie de toutes les fonctions, que l'une d'elles ne peut être troublée sans que toutes les autres le soient en même temps, on sent qu'il faut bien qu'une puissance unique dirige ce mouvement général ; car, s'il y avait pour chaque fonction une puissance particulière, il faudrait toujours que toutes ces puissances fussent gouvernées par une seule, sans quoi cette harmonie vitale serait sans cesse troublée. Que l'on nomme cette puissance unique, irritabilité ou sensibilité, cela m'importe peu ; mais je ne veux pas deux mots pour présenter l'idée d'une même chose. J'ai préféré le mot sensibilité à celui d'irritabilité, parce que dans l'ordre des phénomènes vitaux, le sentiment précède toujours le mouvement, et parce qu'il est reconnu aujourd'hui que les nerfs de la sensibilité ne sont pas les mêmes que ceux de la motilité, et que si les premiers ne portaient jamais de sensations au cerveau, l'animal n'aurait jamais de volontés et n'exécuterait conséquemment point de mouvements volontaires ; car il est de nécessité absolue que la sensation excite la volonté pour que celle-ci ordonne la locomotion. Quoique le nerf qui cause la sensation ne soit pas celui qui détermine le mouvement dans les muscles, il n'en est pas moins vrai que l'un modifie le cerveau, et l'autre les muscles d'une manière analogue au tissu de chacun de ces organes, dont l'un est fait pour recevoir des sensations, et l'autre des contractions. La sensibilité est donc vraiment la puissance unique d'où résultent tous les mouvements vitaux. Les phénomènes déterminés dans les muscles par des agents chimiques et mécaniques n'ont aucun rapport à ceux de la vie ; ils prouvent seulement que si les muscles sont organisés de manière à obéir à la puissance vitale, ils peuvent cependant obéir à toute autre, comme un même mécanisme obéit à des moteurs divers.

Considérant que chaque être vivant existe par l'harmonie de plusieurs systèmes dont chacun exerce une fonction particulière et différente de celle des autres, et que la cause de cette différence ne provient que de celle de l'organisation qui appartient à chacun d'eux : j'en ai conclu que la supériorité et la multitude des phénomènes qui caractérisent l'homme, ne pouvaient être dues qu'à celle de son organisation. C'est pourquoi, pour me rendre compte de ces phénomènes caractéristiques de notre espèce, je l'ai comparée à celles qui en approchent plus par la perfection. Car si dans un individu donné, nous devons considérer les organes dont la texture et par conséquent les fonctions sont les plus parfaites, tels que les nerfs du sentiment et du mouvement comme étant ceux à l'organisation desquels la nature a donné le plus de soin : de même aussi, dans l'échelle des êtres organisés, nous devons considérer comme les plus parfaits, ceux chez lesquels ces deux fonctions sont les plus étendues et les plus compliquées.

Jusqu'à présent j'ai comparé l'homme à divers animaux, depuis sa naisance jusqu'au temps que la nature a fixé pour le perfectionnement de son organisation.

Nous avons remarqué qu'au moment de sa naissance, l'enfant est à la fois le plus faible et le moins actif des animaux; qu'il n'a pas, comme le mouton né le même jour que lui dans l'écurie de son père, la force d'aller lui-même chercher sa nourriture dans la mamelle de sa mère; que, quand il en aurait la force, il n'en aurait pas l'instinct, puisque chez lui les sens de l'odorat, de la vue, de l'ouïe et même du toucher sont d'une entière nullité. Il faut donc que celle qui lui a donné naissance, le tienne dans ses bras, et l'approche du sein où il sucera le lait nourricier. Ce lait est nécessaire à son existence pendant deux années, c'est-à-dire, jusqu'à ce qu'il puisse avec les dents que la nature ne lui donne complètes qu'à cette époque, broyer quelques fruits ou quelqu'autre production animale ou végétale. Et cependant il est si peu en état de reconnaître celle dont la nature a rendu les soins indispensables à son existence, qu'il acceptera indifféremment pendant deux mois au moins ceux de toute autre femme qui pourra lui fournir son lait; tandis que, du moment même où il vient de naître, le mouton n'acceptera pas sans difficultés celui d'une brebis qui ne sera pas celle dont il est né; il y a plus, c'est que, à deux mois même, époque à laquelle l'enfant peut voir et reconnaître celle qui l'a nourri depuis sa naissance, il ne montrera aucune répugnance à sucer le mamelon d'une autre femme, et même celui d'une chèvre ou d'une vache. Tout cela est démontré par les expériences multipliées faites dans nos villes et dans nos campagnes; je ne parle pas de ce qui peut avoir lieu parmi les peuples que nous appelons sauvages, parce qu'ils n'ont ni notre politesse, ni nos vices, ni nos bonnes, ni nos mauvaises habitudes; mais il est très-vraisemblable que les choses ne se passent guère d'une autre manière.

Ainsi partout on trouve que la nature refuse pendant plusieurs années aux individus de l'espèce humaine, l'instinct qui met la plupart des animaux en état de pourvoir à leur conservation peu de temps après leur naissance. Il est vrai aussi qu'un grand nombre de ces animaux ont besoin de leur mère pendant un espace de temps plus ou moins long, mais ils ont reçu de la nature les moyens de s'approcher d'elle, et c'est une faculté que les petits garçons et les petites filles n'ont ordinairement qu'au bout de deux ans, époque à laquelle il leur est venu des dents pour broyer quelques aliments solides. A cette époque, où les enfants commencent à marcher, ils commencent aussi à articuler quelques sons; mais ils sont encore loin de pouvoir reconnaître et nommer les aliments qui leur conviennent, et d'avoir la faculté de s'en approcher et de les saisir. Il faut que leur mère les soutienne dans leur marche, leur fasse connaître, leur donne elle-même ce dont ils ont besoin, et leur enseigne à distinguer ce qui peut leur profiter de ce qui pourra leur être nuisible. Les femmes des sauvages portent à cet égard l'attention la plus scrupuleuse dans l'éducation de leurs enfants ; elles leur font connaître les substances dont ils peuvent se nourrir, et qu'elles cultivent elles-mêmes autour de leur cabane. C'est par le sens de la vue seul qu'ils les reconnaissent, car celui de l'odorat n'est jamais un guide sûr dans cette circonstance, puisqu'il est démontré qu'en général les végétaux les plus agréables à notre odorat sont ordinairement ceux qui conviennent le moins à notre nourriture, et que ceux qui contiennent le plus d'éléments alibiles sont inodores pour nous, ou du moins ne développent leur odeur que lorsque nous les faisons cuire ou fermenter.

Il est donc évident, quoi qu'on en puisse dire, que l'homme ne saurait lui-même pourvoir seul à sa propre subsistance qu'après une assez longue expérience, et que ce n'est qu'après une expérience plus longue encore, qu'il est en état de cultiver les plantes qui lui sont propres, et que nulle part la nature ne produit en assez grande abondance pour lui. Ainsi, si l'homme doit à cette nature ses facultés physiques et intellectuelles, c'est surtout à l'expérience qu'il doit le développement des secondes, et le pouvoir de se servir des premières pour son plus grand avantage. L'amour maternel est peut-être plus vif chez les animaux que chez l'homme, mais il est dans notre espèce aussi durable que la vie : c'est sur la permanence de ce sentiment dans le cœur de la femme qu'est fondée la conservation de l'espèce humaine ; c'est l'amour de la mère pour ses enfants, et le long besoin que ceux-ci ont des soins de leurs parents, qui sont les véritables bases de l'état social, auquel on voit d'ailleurs que l'homme est destiné par le Créateur.

Isolez l'homme, il est à la fois plus faible et plus malheureux que la plus vile des brutes; réunissez-le à ses semblables, il devient le plus fier et le plus fort des animaux, parce qu'en lui seul il réunit l'adresse de tous.

L'homme seul ne pourrait vivre des produits de la nature qui lui fait tout acheter; réunissez les hommes, ils semblent bientôt imposer des lois à cette nature même.

Je ne connais rien de plus petit que l'homme, je ne connais rien de plus grand que l'espèce humaine.

Un homme d'un génie vaste a dit : « Le » grand dessein de l'Auteur de la nature » semble être de conserver chaque individu » un certain temps, et de perpétuer son » espèce. Tout animal est toujours entraîné » par un instinct invincible à tout ce qui » peut tendre à sa conservation ; et il y a » des moments où il est emporté par un « instinct presque aussi fort à l'accouplement

» et à la propagation, sans que nous puissions
» jamais dire comment tout cela se fait. »

Les animaux les plus sauvages et les plus
solitaires sortent de leurs tannières, quand
l'amour les appelle, et se sentent liés pour
quelques mois par des chaînes invisibles, à
des femelles et à des petits qui en naissent;
après quoi ils oublient cette famille passagère,
et retournent à la férocité de leur solitude,
jusqu'à ce que l'aiguillon de l'amour les force
de nouveau à en sortir; d'autres espèces sont
formées par la nature pour vivre toujours
ensemble, les unes dans une société réellement policée, comme les abeilles, les fourmis,
les castors, et quelques espèces d'oiseaux; les
autres sont seulement rassemblées par un
instinct plus aveugle, elles se réunissent sans
objet, et sans dessein apparent, comme les troupeaux sur la terre, et les harengs dans la mer. »

« L'homme n'est pas certainement poussé par
son instinct à former une société policée, telle
que les fourmis et les abeilles; mais à considérer ses besoins, ses passions et sa raison,

on voit bien qu'il n'a pas pu rester long-temps dans un état entièrement sauvage. »

« Il suffit, pour que l'univers soit ce qu'il est aujourd'hui, qu'un homme ait été amoureux d'une femme. Le soin mutuel qu'ils auront eu l'un de l'autre, et leur amour naturel pour leurs enfants, auront bientôt éveillé leur industrie, et donné naissance au commencement grossier des arts ; deux familles auront eu besoin l'une de l'autre sitôt qu'elles auront été formées, et de ces besoins seront nées de nouvelles commodités. »

« L'homme n'est pas comme les autres animaux, qui n'ont que l'instinct de leur conservation individuelle et celui de la conservation de l'espèce ; non-seulement il a ces deux instincts, mais il a aussi pour son semblable une bienveillance naturelle qui ne se remarque point dans les bêtes. »

« Qu'une chienne voie en passant un chien né d'elle depuis plusieurs mois, déchiré en mille pièces et tout sanglant, elle en prendra un morceau sans concevoir la moindre pitié, et conti-

nuera son chemin, et cependant cette même
chienne défendra son petit, et mourra en combattant plutôt que de souffrir qu'on le lui enlève. »

«´Au contraire, que l'homme le plus sauvage
voie un joli enfant près d'être dévoré par quelque animal, il sentira malgré lui une inquiétude, une anxiété que la pitié fait naître, et
un désir d'aller à son secours. Il est vrai que
ce sentiment est souvent étouffé par la fureur
de l'amour-propre; aussi la nature sage ne
devait pas nous donner plus d'amour pour les
autres que pour nous-mêmes ; c'est déjà beaucoup que nous ayons cette bienveillance qui
nous dispose à l'union avec les hommes. »

« Mais cette bienveillance serait encore un
faible secours pour nous faire vivre en société ;
elle n'aurait jamais pu servir à fonder de
grands empires et des villes florissantes, si
nous n'avions pas eu de grandes passions. »

« Les passions, dont l'abus fait tant de mal,
sont en effet la principale cause de l'ordre que
nous voyons aujourd'hui sur la terre. L'orgueil est surtout le principal instrument avec
lequel on a bâti ce bel édifice de la société. A

peine les besoins eurent rassemblé quelques
hommes, que les plus adroits d'entre eux s'aper-
çurent que tous les hommes étaient nés avec
un orgueil indomptable, aussi bien qu'avec
un penchant invincible pour le bien-être. »

« Il ne fut pas difficile de leur persuader
que s'ils faisaient pour le bien commun de la
société quelque chose qui leur coûtât un peu
de leur, bien-être, l'orgueil en serait ample-
ment dédommagé. »

« On distingua donc de bonne heure les
hommes en deux classes : la première, des hommes divins qui sacrifièrent leur amour-propre
au bien public ; la seconde, des misérables qui
n'aiment qu'eux-mêmes. Tout le monde voulut
être, et veut être encore aujourd'hui de la
première classe, quoique tout le monde soit
dans le fond du cœur de la seconde ; et les hommes les plus lâches, les plus abandonnés à
leurs propres désirs, crient plus haut que les
autres qu'il faut tout immoler au bien public.

Sans doute l'homme n'est pas poussé par
son instinct à former une société policée telle
que les fourmis et les abeilles ; et à bien con-

sidérer ses besoins, ses passions et sa raison,
il n'est point non plus poussé à former une
société telle que la plupart de celles qui existent aujourd'hui. »

Porté par son instinct à se conserver,
l'homme l'est également à s'unir à ses semblables, parce que sans leurs secours, il est hors
d'état de pourvoir à sa subsistance et de lutter
avec succès contre les agents extérieurs qui
menacent sans cesse sa frêle constitution.

Quand il serait vrai que, comme le dit Voltaire, Dieu eût daigné mettre sur la terre
mille nourritures délicieuses pour l'homme ; si
sans le secours d'une longue expérience cet être
faible ne peut distinguer cette nourriture des
substances pernicieuses, il sera encore exposé à
une mort certaine, s'il n'a pour le protéger et
le diriger dans les premiers moments de sa vie
la force et les lumières de ses parents.

Mais loin que Dieu ait fait de la terre un
véritable paradis terrestre pour l'homme, il
n'y a pas seulement mis pour cette créature de
prédilection, une seule plante qui croisse abondamment sans soin et sans culture. Sous le beau

ciel de l'Inde, sur les rives du Gange, ancienne patrie des Brachmanes, où le climat est si doux, où les fruits dont l'homme se nourrit sont si abondants et si délicieux, il est pourtant vrai qu'ils ne croissent ni sans art, ni sans travail.

Les poètes ont bien pu chanter ces heureux temps où l'espèce humaine vivait de fruits sauvages, mais ces temps n'ont jamais existé que dans leur imagination ; que l'orange croisse et mûrisse sans culture sous quelques climats privilégiés, ce fruit ni aucun de ceux qui lui ressemblent ne peut suffire à la subsistance de l'homme : il le désaltère, le rafraîchit, mais ne le nourrit pas ; qu'on assemble toutes les productions du règne végétal telles que la nature les donne, je défie à l'homme sans instruction d'y trouver de quoi satisfaire son goût et ses besoins.

Le riz, l'orge, le maïs, le froment dont les grains fournissent les substances végétales qui conviennent le mieux à l'espèce humaine, et qui sont seules suffisantes à la réparation de nos organes, ne croissent sans culture, ni en Europe, ni en Asie, ni en Afrique. Ainsi l'homme

pour se les procurer est obligé par son travail
de forcer la terre à les produire, et de la purger
des plantes parasytes qui plus avides que les
premières, s'empareraient de ses sels, et prive-
raient par-là le cultivateur du fruit de ses travaux : quand ces plantes nourrissantes sont par-
venues à leur maturité, il faut en extraire les
graines, il faut les recueillir et les mettre pour
les conserver à l'abri des injures de l'air ; il faut
avant de s'en servir comme d'aliments, leur
faire subir diverses préparations ; et je demande si l'homme, sans le secours de ses semblables,
est capable d'un tel travail et de tant de soins ?

Aussi nulle part on ne le trouve isolé ni dans
les forêts, ni sur les bords de la mer, ni dans
les vallons, ni sur les coteaux : partout il vit
assemblé par tribu, ou par nation.

Si par le mot sauvage on entend un animal
étranger à toute société, pourvoyant à son existence sans le secours d'aucun de ses semblables, doué d'intelligence, mais dépourvu d'é-
ducation et de tout moyen propre à manifes-
ter ses pensées, je dis que l'homme n'existe
et n'a jamais existé sur la terre dans cet état

A la vérité, il est des hordes qui mènent une vie errante dans les bois, dans les montagnes, sur les bords des fleuves, qui n'ont pu jusqu'à présent être civilisées, comme le sont quelques peuples. Aussi ces sauvages ont-ils si peu d'idées, qu'il en est qui ne peuvent compter au-delà du nombre trois; aussi n'ont-ils que quelques mots; car moins on a de sensations, moins on a besoin de les analyser et de les comparer. Encore ces êtres stupides et misérables vivent-ils en société : s'ils nous sont inférieurs, c'est parce que leur intelligence est moins développée que la nôtre, parce que leurs comparaisons sont moins justes, leur prévoyance moins sûre. Enfin ils sont relativement aux facultés de l'esprit par rapport aux hommes les plus grossiers de nos campagnes ce que ceux-ci sont aux savants, aux artistes et aux lettrés de notre Europe.

Quant à ces hommes que l'on dit avoir trouvés dans les bois, ces infortunés n'étaient que des idiots, des imbéciles abandonnés de leurs parents, ou échappés de la maison paternelle, qui n'ayant nulle mémoire n'avaient pu retouruer au point d'où ils étaient partis; qui ayant rencontré quelques plantes sauvages s'en étaient nourris pendant quelque temps; qui pressés par la peur des animaux étaient devenus agiles à la course : sans autre maître, sans autre guide qu'un instinct aveugle. Un de ces infortunés fut rencontré il y a vingt ans à-peu-près dans les forêts de l'Aveyron, et conduit à Paris avec pompe, il fut confié aux soins de l'abbé Sicard, instituteur des sourds-muets. On courut en foule pour voir cet être extraordinaire qui paraissait à peine âgé de quinze ans. Ses mouvements étaient vagues, il n'avait de goût particulier pour aucun aliment, il mangeait tout ce qu'on lui présentait, s'agitant sans cesse d'avant en arrière, et d'arrière en avant, se levant, se baissant sur les jambes, jamais ne portant sa station jusqu'à la ligne verticale; en un mot, hors la forme extérieure par laquelle il ressemblait à l'homme, ayant toutes les habitudes d'un singe. Tel était l'individu dont l'abbé Sicard voulait faire l'éducation, promettant de le rendre bientôt l'égal d'un Newton. Mais, hélas! l'élève s'inquiétait peu des

prétentions de son professeur; il ne pouvait
appliquer à rien des facultés intellectuelles
qu'il n'avait pas; il mangeait sans cesse des
pommes de terre crues, c'était son aliment de
prédilection : toute la Faculté de Médecine
prononça que ce simulacre d'homme n'était
qu'un idiot, l'abbé soutint le contraire; enfin
le petit sauvage mourut d'indigestion, et la
question resta indécise entre les docteurs et
le précepteur, heureusement pour celui-ci
qui commençait à y perdre son latin.

La nourriture végétale ne suffit point à
l'homme, il ne s'y borne sous aucun climat :
ici il est chasseur, là pêcheur, ailleurs il est
pasteur de troupeau. Partout il ajoute au fruit
et aux graines dont il se nourrit, ou la chair
ou le lait des animaux.

Mais ces animaux quadrupèdes, oiseaux ou
poissons, ces troupeaux qui lui fournissent
leur lait, comment se les procurera-t-il? Est-il
assez rapide dans sa course pour atteindre un
chevreuil? A-t-il des ailes pour suivre un oiseau dans l'air? Peut-il avec le poisson respirer
dans les flots? A-t-il des nageoires pour l'y

poursuivre ? Rassemblera-t-il autour de lui
des brebis, des vaches, des chèvres qui toutes
à sa voix et sans rétribution de sa part lui
donneront volontairement le lait que la nature destine à leurs petits? Non sans doute :
s'il est chasseur, il lui faut un arc, des flèches;
s'il est pêcheur, il lui faut un canot et des
filets; enfin s'il est pasteur, il faut qu'il pré-
serve son troupeau de la griffe et des dents des
animaux carnivores, auxquels il n'est pas sûr
d'échapper lui-même. Il faut qu'il le défende,
le surveille et lui procure une abondante pâture.

Mais le besoin de la nourriture n'est pas le
seul que la nature ait imposé à l'homme, soit
qu'il vive sous les zones torrides, soit qu'il
habite les régions voisines des pôles, il lui faut
des vêtements pour se garantir ici des rayons
brûlants du soleil, là des rigueurs des neiges et
des frimats. Enfin il n'est point de sauvage
qui ne porte des vêtements, ou qui n'enduise
sa peau de quelque substance grasse pour la
préserver des insectes innombrables qui le fe-
raient succomber sous les innombrables coups

de leurs aiguillons vénéneux, aussi bien dans les plaines que sur les hauteurs, sous les climats même les plus favorisés de la nature. Mais s'il ne peut se procurer une nourriture assurée, sans le secours de ses semblables, comment sans ce secours se procurera-t-il des vêtements? Je le demande.

S'il se couvre de la peau des animaux ou de la plume des oiseaux qui lui fournissent leur chair, il lui a faut un arc et des flèches pour atteindre les uns et les autres, et ces armes il n'a pu se les procurer seul. Si l'on me dit qu'il règne sur un grand nombre d'animaux domestiques qui, dociles à sa voix, lui obéissent et viennent flatter la main qui va les égorger; certes ce n'est pas sans art et sans secours que nous avons fait sur la nature la conquête de ces troupeaux qui paissent dans nos prairies, dans nos forêts et sur nos montagnes : ce chien fidèle et vigilant qui les garde n'est pas venu de lui-même se livrer à l'homme, il a fallu que celui-ci pour asservir cet animal si agile à la course et quelquefois si courageux, lui offrît une nourriture abondante, et un asile, et même un appui contre les loups, les panthères, les tigres, les léopards et les lions.

Outre les vêtements, il faut encore à l'homme un asile; il n'est pas de horde, quelque sauvage qu'elle soit, qui n'ait ses huttes, ses carbets ou ses tentes. Quel repos y aurait-il pour elles, si au milieu des forêts peuplées de bêtes féroces, elles n'avaient pas, en se rassemblant dans un espace circonscrit et environné d'une sorte de rempart, trouvé les moyens de se soustraire à leur férocité, à leur voracité. Ainsi partout, soit pour se nourrir, soit pour se vêtir, soit pour se soustraire aux dangers imminents dont la nature menace de toute part son existence, l'homme a besoin du secours de ses semblables, et d'unir sa force à celle des autres, son intelligence à leur intelligence, son adresse à leur adresse.

Lorsqu'au sein même de nos sociétés, où règnent avec la civilisation la politesse et la sûreté, un voyageur isolé aperçoit sur une grande route un individu de son espèce marchant devant lui, il hâte ses pas pour l'atteindre ; l'autre ralentit comme malgré lui les siens pour l'attendre, à moins qu'il ne soit très-pressé par ses affaires. Bientôt ces deux hommes se rencontrent, se saluent, tiennent conversation, et ces deux voyageurs, tristes et las quand ils étaient isolés, poursuivent gaiement leur route ensemble.

Quel est le soldat même le plus intrépide, qui, surpris par la nuit au milieu d'une forêt épaisse, n'ait pas, malgré l'assurance que devaient lui donner ses armes, éprouvé qu'un sentiment de trouble et d'inquiétude se glissait dans son cœur ? Quoi ! cet homme qui peut-être a cent fois bravé les plus grands dangers sur les champs de bataille, qui s'est vu cent fois environné de morts et de mourants, et n'a pas tremblé, est saisi de crainte parce qu'il se trouve seul avec le silence et les ténèbres au milieu d'un bois, où cependant nul péril ne le menace !

Ah ! l'homme n'est pas fait pour vivre seul, car seul il serait le plus timide, le plus craintif, le plus inquiet des animaux des forêts, des habitants des airs : le sommeil éloigné par la crainte ne fermerait jamais sa paupière, tandis qu'accompagné, entouré de ses semblables, il est fier, ferme, intrépide dans le jour, et se livre durant la nuit à toute la tranquillité d'un sommeil profond.

L'amour de nos semblables est donc inné dans nos cœurs ; l'état social est donc pour l'homme le premier des besoins, comme il l'est pour les abeilles, puisque, comme elles, il ne pourrait ni se nourrir, ni se mettre à l'abri des dangers dont son existence serait sans cesse menacée, sans le secours de ses semblables, et sans ce pacte de protection mutuel fait avec eux ou plutôt que la nature a fait pour lui.

Il est donc certain que les sociétés humaines sont fondées uniquement sur les besoins et les intérêts de ceux qui les composent. Mais si la nature a donné une reine aux abeilles, elle n'a point donné de chefs aux hommes, elle leur a laissé le soin de les choisir ; aussi nulle comparaison entre les diverses sociétés des hommes, qui pour la plupart sont fondées sur l'intérêt de quelques-uns, tandis que celles des animaux le sont sur celui de tous. Aussi voit-on la paix et l'harmonie régner dans celles-ci, tandis que celles-là sont toujours troublées par les passions, et ensanglantées par le crime. Mais ces considérations sortent de l'objet que je me suis proposé, il faut se hâter d'y revenir.

CHAPITRE XVII.

Récapitulation des besoins de l'Homme.

Les besoins que la nature nous a imposés, et auxquels il faut naturellement que nous satisfassions, sont ceux de la nutrition, de l'habillement, de l'habitation, de l'association, et enfin de la reproduction : de là naissent toutes nos affections et toutes nos aversions, toutes nos sympathies et toutes nos antipathies. Nous allons successivement traiter de chacun de ces besoins et des passions qui en tirent leur origine.

§ I.

Du Besoin de Nutrition ; des Passions qui en tirent leur origine.

Si, comme le prétend Voltaire, la nature seule produisait pour l'espèce humaine mille nourritures délicieuses, l'homme serait le plus indolent, le plus stupide ou le plus méchant des animaux : on le verrait, après avoir satisfait sa faim et sa soif, nonchalamment couché à l'ombre des arbres dont les fruits l'auraient rassasié, au bord du ruisseau dont l'eau limpide l'aurait désaltéré, se livrer aux plaisirs de l'amour dans les bras de sa compagne, ou aux douceurs d'un sommeil dont, à l'exemple des autres animaux, il ne sortirait qu'aiguillonné par la faim. Il ne penserait à rien, et certain de trouver partout de quoi se nourrir, il n'aurait nul intérêt à s'inquiéter de pourvoir à sa subsistance. Heureusement il n'en est pas ainsi ; la nature nous a donné là terre pour la cultiver, mais elle n'y produit guères pour nous que des fruits acides ou acerbes; ceux auxquels nous trouvons quelque douceur, ne la doivent qu'à l'art et à la culture : les animaux nous fuient, nous ne nous en rendons maîtres que par notre adresse, et quand ils sont en notre puissance nous ne pouvons manger leur chair sans préparations; il faut, pour que nos estomacs la digèrent, qu'elle ait été attendrie et pénétrée par une grande quantité de calorique, et souvent que la saveur en soit déguisée par celle des assaisonnements. Il faut donc, comme je l'ai déjà dit, que pour se nourrir l'homme soit, ou cultivateur, ou chasseur, ou pasteur. De là le besoin des choses nécessaires à la culture, à la chasse et à la conservation des troupeaux : il fallut se les procurer. Ainsi dès le commencement l'espèce humaine eut des besoins secondaires, dérivés immédiatement de ses besoins primitifs. Il fallut même satisfaire aux seconds avant de pouvoir satisfaire aux premiers : celui qui inventa l'arc et les flèches fut le fondateur et le chef

18.

d'une société de chasseurs; celui qui trouva le moyen de rendre dociles quelques espèces d'animaux fut le fondateur et le chef d'une société de pasteurs; enfin celui qui le premier creusa la terre, et lui confia la semence des fruits sauvages qu'il avait trouvés les plus agréables à son goût, fut le fondateur et le chef d'une société de cultivateurs. On voit donc que dès le principe, ce fut partout le plus intelligent qui devint le premier. Ainsi partout la société fut fondée sur la bienveillance, qui porta l'inventeur d'une chose utile à la communiquer à ses semblables, et sur la reconnaissance que ceux-ci durent avoir d'un bienfait qui leur procurait les moyens de se nourrir. C'est donc sur la bienveillance qu'est véritablement fondée l'existence de l'homme sur la terre. C'est à elle qu'il doit partout les moyens de satisfaire à ses premiers besoins; c'est par elle que, de faible qu'elle est naturellement, l'espèce humaine a subjugué toutes les autres, a, en quelque sorte, mis les plus dociles sous sa dépendance, les a fait servir à tous ses besoins, et a relégué les autres dans les déserts;

forçant d'habiter loin d'elle celles qui pourraient lui nuire, et laissant vivre à sa proxi-
mité celles qui n'avaient point voulu se
soumettre à son empire, mais dont elle n'avait
rien à craindre, et que son adresse pouvait
surprendre au besoin.

Je suis naturellement par-là conduit à la
source de toutes les passions primitives; mais
avant de nous jeter au milieu de leurs orages,
voyons d'abord ce que nous entendons par
passions.

Le sentiment qui nous porte à rechercher
les choses nécessaires à notre conservation, à
nous joindre à nos semblables, à faire avec
eux un pacte d'association mutuelle, n'est certainement point une passion, c'est une impulsion naturelle commune à tous les hommes,
et sans laquelle aucun d'eux ne saurait exister.
Mais si nous éprouvons des besoins impérieux,
et dont la nature demande la satisfaction, et
si nous sommes privés des choses propres à y
pourvoir, alors nous sentons naître en nous
une énergie qui nous porte à rechercher ces
choses et à nous les procurer à quelque prix

que ce soit : de là, chez nous, une extrême activité du système sensible et locomoteur. Pressés par la faim, nous poursuivons avec ardeur l'objet qui peut l'assouvir ; quand nous l'avons atteint, nous le dévorons avec une avidité que nous n'aurions pas eue si nous l'eussions trouvé sous notre main ; et quand nous nous en sommes repus, nous livrerions nos membres fatigués par sa poursuite à un doux repos, dont nous ne sortirions que pressés par un nouveau besoin, si la prévoyance ne nous portait à nous procurer pour l'avenir plusieurs objets semblables à celui dont nous venons d'user avec avidité , après l'avoir atteint avec tant de peine : de là naissent d'abord l'ardeur de la poursuite et cette activité qui distingue et notre espèce, enfin l'amour des richesses ; et de la possession de celles-ci naissent l'*intempérance* et la *paresse*.

La prévoyance est une faculté intellectuelle qui distingue éminemment l'espèce humaine de toutes les autres. L'homme est le seul des animaux qui vive à-la-fois, et au même moment,

dans le passé, le présent et l'avenir. Tous les
autres animaux sentent comme lui les besoins
présents, lui seul sait qu'il les sent ; et com-
parant ce qu'il éprouve aujourd'hui, avec ce
qu'il a éprouvé hier, il prévoit ce qu'il éprouvera
demain. De là vient qu'il amasse et conserve
pour sa faim future les objets qui ont servi
à la satisfaction de sa faim passée et qui
servent à celle de sa faim actuelle. La prévoyance est donc une des plus heureuses qualités de l'espèce humaine; c'est par elle que les
pères assurent le bonheur de leurs enfants, et
les gouvernements celui des peuples. Elle en-
gendre l'économie domestique et l'économie
publique ; elle est la mère de tous les arts, de
toutes les industries et de toutes les sciences ;
mais l'économie touche de près à l'avarice ; et
c'est des passions qui dégradent l'homme, la
plus honteuse et la plus vile : on voit par-là
que les vices et les vertus ont presque toujours
une origine commune.

Nous ne donnerons pas le nom de passions
à ces impressions naturelles qui nous portent

à rechercher les objets propres à satisfaire nos
goûts et nos besoins. Ces objets sont nécessaires à notre conservation, et la nature nous
a donné le désir de les posséder, et les moyens
de le contenter. Ce désir prend, selon les circonstances, le caractère d'un penchant, d'une
affection, d'un sentiment; mais ces sentiments
prennent celui des passions lorsque des
obstacles puissants nous empêchent de les
satisfaire; c'est alors qu'ils exaltent nos facultés physiques et morales, et nous élevant au-
dessus de nous-mêmes, nous animent fortement, et nous donnent la force de triompher
de toutes les difficultés et d'aplanir tous les
obstacles; ils prennent aussi le caractère des
passions, lorsqu'exagérés par l'habitude et
l'abondance, ils nous conduisent au dégoût des
nourritures les plus douces et les plus simples,
pour nous en faire rechercher qui par leurs qualités stimulantes, ou par la nouveauté, éveil-
lent et excitent notre appétit au-delà de nos
besoins, surtout lorsque nous pouvons jouir de
ces choses, sans que, pour les obtenir, il nous
en coûte d'autre peine que celle de les de-

mander; alors ils engendrent l'*intempérance*, la *voracité* et la *paresse*, l'*égoïsme* et la *peur*, et beaucoup d'autres vices et d'autres faiblesses qui nous dégradent au-dessous des brutes les plus ignobles.

§ II.

Du Besoin de Vêtement et d'Habitation, et des Passions qui en tirent leur origine.

L'homme, jeté faible et nu sur la terre, qui produit à peine de quoi le nourrir, voyant que parmi les animaux, les uns étaient couverts de poils ou de laine, les autres de plumes et d'écailles: stimulé par la douleur que lui causaient le contact immédiat des rayons solaires ou celui du froid, a cherché d'abord à s'en préserver par des vêtements analogues à ceux des animaux. Ces vêtements ne furent d'abord destinés par lui qu'à cet usage; mais bientôt ils devinrent des signes de distinction : celui qui avait vaincu et égorgé un animal féroce et vigoureux, se couvrait de sa peau, moins commode que celle des moutons sans doute; mais c'était un signe manifeste de la supériorité de sa force, de son triomphe et de sa gloire; et l'orgueil le lui faisait porter en pa-

rade. Ainsi les vêtements, d'abord employés
uniquement comme un abri contre les injures
de l'air, ne tardèrent pas à l'être comme
des parures. Les chefs des tribus sauvages,
que la nature n'avait distingués des autres
par aucun signe extérieur dans la conforma-
tion de leurs corps, attachèrent quelques
plumes à leurs têtes comme des marques de
leur autorité, et comme un moyen de se faire
reconnaître de ceux qui les avaient élus et devaient leur obéir. Et dès que les vêtements
eurent cette distinction, ils stimulèrent *l'orgueil* et *la vanité*, et sans donner naissance à
ces sentiments si naturels à l'homme, ils les
exagérèrent et en firent les passions.

Il en fut de même des habitations : les
cabanes des chefs furent plus vastes, plus
élevées que celles des autres; et de là encore
l'orgueil, la vanité, la fatuité, passions qui
ne firent que croître en intensité, à mesure
que la civilisation et les arts, auxquels elles
donnent naissance, firent des progrès.

CHAPITRE XVIII.

Du Besoin de relation, et des Passions aux-
quelles il donne naissance.

Environné sans cesse d'agents destructeurs, non seulement l'homme ne pourrait pas leur résister sans le secours des autres hommes, mais il serait incapable, comme je l'ai déjà démontré, de pourvoir à sa nourriture, à ses vêtements et à son habitation. Le besoin de relation est donc une des conséquences nécessaires des lois organiques de l'espèce humaine. Mais les lois des sociétés humaines ne dérivent pas, comme celles des sociétés que forment les abeilles, les fourmis et les castors, d'un instinct machinal irrésistible. Ces lois varient selon le développement plus ou moins

grand des facultés intellectuelles des individus
qui les composent, et surtout, selon les circonstances du temps et du lieu où ils vivent.
Quoi qu'il en soit, la nature donne aux animaux des lois qu'ils ne désirent point, et ne
peuvent point enfreindre ; l'homme se donne
des lois à lui-même, et ne les observe pas
toujours bien exactement.

Sans nous arrêter à suivre les progrès de la
civilisation, disons ici, puisque nous l'avons
suffisamment démontré, que les hommes
firent d'abord des chefs de ceux qui leur
avaient indiqué les moyens, et enseigné les
arts nécessaires pour se procurer les objets
nécessaires à leur conservation. Ils en firent
si bien des rois, que la plupart après leur
mort les honorèrent comme des dieux. Il est
bien naturel en effet qu'une tribu de sauvages,
dont les individus étaient prêts à mourir dans
toutes les horreurs résultant de la privation
des choses nécessaires à la satisfaction de ses
premiers besoins, reconnût pour son chef
celui dont la bienveillante intelligence les lui
avait procurés, ou du moins enseigné l'art

de se les procurer: on dut regarder cet homme comme un être supérieur à l'humanité, et honorer sa mémoire même après sa mort. Toute l'antiquité fourmille de ces exemples, et la mythologie ne me paraît être autre chose qu'une suite nécessaire de la reconnaissance des hommes envers leurs bienfaiteurs.

Mais quand nous voyons la société avec toutes ses vertus, tous ses vices, nous ne pouvons disconvenir que les uns et les autres sont nés des passions qui l'ont rendue nécessaire, et des besoins qui ont présidé à sa formation.

Nous voyons naître de l'état social une vive émulation qui exalte le sentiment naturel de bienveillance que l'homme a pour son semblable, par l'espoir d'une vive reconnaissance de sa part; l'émulation est donc par elle-même une passion radicale utile à l'humanité, elle tend à développer les qualités physiques et morales de l'homme, et lui montre comme récompense assurée la jouissance de l'orgueil.

Mais souvent la récompense ne suit pas le bienfait, il s'établit une rivalité entre deux concurrents, et souvent le plus faible et le moins intelligent, plus adroit que l'autre; emporte le prix de l'envie, le ressentiment, la colère, la haine, la vengeance; à cela, ajoutons l'amour de la gloire, et nous aurons une idée des passions qui doivent leur origine au besoin de relation.

CHAPITRE XIX.

Du Besoin de Reproduction.

———

C'EST sur ce besoin que la nature a fondé la reproduction de l'espèce, il ne se fait sentir à l'homme et à la femme que lorsque la nature a donné à leur constitution physique tout leur développement. Ils sentent à cette époque une influence irrésistible d'un sentiment, influence qui les rapproche, les porte à s'unir et à reproduire leurs semblables : ce sentiment, c'est l'amour : il donne à la tendresse conjugale, à la tendresse maternelle, à la piété filiale, et enfin à beaucoup d'autres sentiments sur lesquels reposent le bonheur et le repos des familles, et sont les premiers liens de la société.

Certes l'amour d'un jeune homme pour une
jeune fille, celui d'une mère et d'un père pour
leurs enfants, et celui d'un fils pour sa mère,
et son père, sont des sentiments si simples,
si agréables, si doux, qu'il faut bien les considérer comme les plus heureux dons que la
nature nous ait faits ; mais dès qu'ils sont
contrariés, ils donnent naissance à une foule
de passions plus ou moins énergiques, parmi lesquelles il faut compter la jalousie, la
colère, la tristesse, et ce dernier sentiment
surtout a été peint avec une grande énergie
par Virgile, dans le cinquième livre de son
Enéide, lorsqu'il parle de la mort de la reine
de Carthage , et lorsqu'il compare Orphée
pleurant Eurydice, avec la femelle du rossi-
gnol, pleurant la perte de ses petits.

Qualis populeâ merens Philomela sub umbrâ
Amissos queritur fœtus, quos durus arator
Observans nido implumes detraxit ; at illa
Flet noctem, ramoque sedens miserabile carmen
Integrat, et mestis latè loca questibus implet.

Il faudrait, pour connaître toute l'intensité,
toute l'énergie des passions humaines, les

étudier chez ces peuples encore voisins de la
nature, et qui en ont encore toute la candeur
et toute la simplicité, mais pour les étudier
il faudrait les voir dans les forêts et chez les
peuples qu'ils habitent ; les voyageurs qui
nous en ont parlé les ont peints pour la plupart sous les couleurs les plus fausses et les
plus noires.

Quelques-uns ont accusé les Caraïbes de
châtrer leurs enfants, pour les mieux engraisser afin de les manger; d'autres ont ra-
conté que les Mingréliens enterraient les
leurs tout vifs, pour le seul plaisir de les
enterrer.

Tous ces récits me paraissent avoir été ima-
ginés pour justifier, en faisant considérer ces
cruautés comme un sentiment naturel à l'homme, certains pères de l'Europe civilisée, qui,
pour enrichir leur aîné, dévouent leurs cadets
au célibat, et enterrent leurs filles vivantes
dans des couvents. Mais rien n'est à la fois plus
faux et plus abominable. On dit aussi que sur
les côtes d'Afrique les femmes et les pères ven-
dent leurs propres enfants : rien n'est plus

faux encore : ceux qui font cet infâme trafi-
que sur les côtes du Congo, sont les chefs
des tribus et des peuplades. Ces petits tyrans
font arracher les enfants des bras de leurs
mères désolées, et malgré leur désespoir et
leurs cris, ils les font conduire au marché.
On en a vu suivre leurs propres enfants,
et se livrer volontairement et sans salaire au
négrier, plutôt que de se séparer d'eux ; on
en a vu d'autres se donner la mort dans leur
désespoir.

CHAPITRE XX.

Des Causes physiques ou morales des passions.

L'HOMME, considéré sous le rapport physique, a, comme on vient de le voir, ainsi que les autres animaux, le besoin de se nourrir et celui de se reproduire ; mais la nature en le créant nu, lui a imposé de plus qu'aux autres espèces la nécessité, sous peine de succomber aux agents destructeurs dont il est environné de toute part, de se procurer des vêtements et de se construire une habitation. Or, nous avons démontré qu'il ne pouvait se procurer les choses nécessaires à sa nourriture, à son habitation et à son habillement, sans le secours de son intelligence et le concours de ses semblables, et nous avons fait voir aussi que celles de ses pas-

sions qui lui sont communes avec tous les
animaux, résultaient des difficultés qu'il rencontre pour satisfaire ses besoins corporels.
Mais il faut bien reconnaître una utre ordre
de besoins, et conséquemment une autre
source des passions qui agitent l'espèce humaine, et tour-à-tour agrandissent ou ren-
versent les sociétés diverses dont elle se compose. Cette seconde source dérive de la première, qui comme nous l'avons vu sourd de
la constitution physique de l'homme, et de la
nécessité qu'elle lui impose de se nourrir, de
se vêtir et de se faire une habitation.

Mais comme parmi les objets que la nature produit spontanément pour les besoins
des autres espèces, il s'en trouve très-peu qui
puissent suffire à ceux de l'homme, avant
qu'il les ait façonnés et modifiés par son industrie, et comme sans l'adresse avec laquelle
il manie les instruments qu'il s'est procurés
par son art et son intelligence, il courrait grand
risque de mourir faute de nourriture ou de
vêtements, il doit sentir de bonne heure la
nécessité de cultiver son intelligence, et de

rassembler autour de lui les objets propres à
sa conservation individuelle et à celle de son
espèce; et puisque la nature lui refuse ces
objets, et lui impose l'obligation, sinon de
les créer lui-même, au moins de les rendre
propres à ses besoins; il faut bien qu'elle l'ait
doué d'une force intellectuelle qui supplée au
défaut de ses forces physiques, et en vertu de
laquelle, instruit par l'exemple du passé, il
fait incessamment pour l'avenir provision des
choses indispensables à sa conservation.

Les forces intellectuelles de l'homme sont
passives ou actives : les premières sont les sensations auxquelles les animaux sont sujets
comme lui, et qui les mettent en rapport avec
les objets extérieurs : ce sont aussi la mémoire et l'imagination, facultés qui sont plus
étendues chez l'homme que chez les animaux ;
j'appelle ces facultés passives, parce que véritablement elles entrent en exercice indépendamment de notre volonté. En effet nous ne
sommes pas les maîtres d'éprouver ou de n'é-
prouver pas les impressions des objets extérieurs, celle du froid, celle du chaud, celle du

bruit même celle de la lumière, lorsque nous avons les yeux ouverts; et enfin celle des odeurs, lorsque nous sommes dans une atmosphère qui en est remplie; celle des saveurs, lorsque nous mangeons. Nous ne sommes pas les maîtres non plus de nous souvenir ou de ne pas nous souvenir de ces sensations, et nous ne pouvons pas empêcher notre imagination de nous présenter les images des objets qui les ont causées, puisqu'elle les reproduit sans notre gré pendant le sommeil le plus profond.

Mais outre ces facultés, qui sont l'unique source de toutes nos passions, nous en avons trois autres dont découlent nos raisonnemens. Celles-ci sont l'attention, que nous sommes maîtres d'accorder ou de refuser aux objets qui frappent nos sens; la comparaison, en vertu de laquelle nous sommes les maîtres de confronter ces objets extérieurs avec d'autres et avec nous-mêmes; et le jugement, en vertu duquel nous prononçons sur leurs qualités absolues ou relatives. On sent très-bien que dans l'exercice de ces trois dernières facultés notre esprit est actif, tandis que dans

celui des premières, il est absolument passif.
Enfin nous avons encore trois facultés actives,
en vertu desquelles nos actions sont déterminées, ce sont le désir, la liberté et la réso-
lution : ces trois facultés appartiennent à notre volonté. Quand au moyen de l'un ou de
plusieurs de nos sens qui sont les pourvoyeurs
de l'intelligence, de la mémoire qui est le
magasin de ses richesses, de l'imagination qui
en est la dispensatrice, nous avons prêté notre
attention à plusieurs objets soit présents à ces
sens, soit gravés dans notre souvenir; quand
nous les avons comparés entre eux, quand nous
avons aperçu le bien ou le mal qui peut résulter pour nous de leurs possessions, nous les
désirons, ou nous les fuyons, et nous nous
déterminons à les chercher, ou à les éviter; et
en effet nous les fuyons ou nous les évitons selon notre volonté, à moins que nous ne
soyons contraints d'en agir autrement.

Il ne paraît pas que les animaux jouissent de
ces dernières facultés, ni même qu'ils possèdent
une mémoire et une imagination aussi étendues que l'homme.

Quand deux taureaux se trouvent dans un pré où l'herbe est abondante, ils y paissent paisiblement; s'il survient une vache, ils s'en disputent la possession : le vaincu se retire, et va, sans conserver un triste souvenir de sa défaite, chercher sa pâture ailleurs. Il rencontre dans la suite son rival et son vainqueur, et ne cherche point à tirer vengeance de sa défaite.

En un mot, les animaux se disputent et se battent pour des objets présents et réels, et les hommes se battent le plus souvent pour des objets éloignés et quelquefois imaginaires, en sorte que c'est à nos besoins physiques, et à ceux qu'enfante notre imagination à l'aide de la mémoire, que nous devons la plupart de nos passions.

Les sentiments moraux qui naissent de nos besoins physiques et naturels sont l'amour propre, la bienveillance, et la prévoyance; ils sont la source de toutes les passions qui élèvent ou dégradent l'espèce humaine, telles sont l'amour, l'égoïsme, l'intempérance, la colère, la tristesse, le désespoir, l'orgueil,

l'avarice, l'envie, l'amour de la gloire, l'ambition, le ressentiment, la vengeance et le
fanatisme. Notre objet n'est point de traiter
ici de ces passions qui ne sont autre chose
qu'une exagération de ces sentiments moraux.
Nous allons seulement dire un mot de la
bienveillance et de la prévoyance, qui paraissent en être les deux sources principales.

CHAPITRE XXI.

De la Bienveillance.

C'est de la bienveillance, sentiment naturel qui tient à l'organisation de l'homme, que naît celui du juste et de l'injuste; nous n'avons pas besoin de raisonnement pour sentir le besoin que nous avons les uns des autres, et que conséquemment nous devons prêter notre assistance à ceux de qui nous tirons des secours. Il est certain que l'amour-propre nous égare souvent et nous fait commettre bien des injustices; on perd aussi sa raison dans l'ivresse; mais quand l'ivresse est passée, la raison revient, comme la bienveillance revient après que la fureur de l'amour propre est éteinte, et c'est l'unique cause qui fait subsister la société humaine. Nous avons besoin de nos sens pour connaître nos sembla-

bles, ainsi que les corps animés ou inanimés
avec lesquels nous sommes en rapport, mais
une fois que nous connaissons ceux qui nous
sont utiles ou nuisibles, nous n'avons besoin
d'aucun de ces sens pour désirer les uns et pour
éviter les autres : comme nous sentons très-bien
notre faiblesse et le besoin que nous avons les
uns des autres, dès que nous nous connaissons nous-mêmes, nous sommes portés à aimer
nos semblables. Ce sentiment paraît indépendant de nos sens quoique ses effets ne puissent
être produits sans leur secours et sans celui
de nos facultés intellectuelles et locomotrices.
Nous avons vu dans la dernière guerre, ces
Cosaques qui dévastaient sans pitié nos campagnes et en égorgeaient les habitants, s'at-
tendrir à l'aspect des enfants, tant la faiblesse
a de droits à la bienveillance des hommes les
plus inhumains et les plus barbares.

Combien de fois aussi n'a-t-on pas vu dans les
guerres qui ont ensanglanté l'univers, les soldats des deux partis opposés, après avoir cherché à s'entr'égorger, pendant toute une campagne, revenir le jour d'une trève à des sen-

timents plus naturels, et partager entre eux
leurs vivres! tant il est que l'amour de l'homme pour ses semblables, triomphe de toutes les
passions, excepté du fanatisme; car il n'y a ni
paix, ni trève entre deux nations qui se
croient mutuellement maudites du ciel.

Dans tous les temps la reconnaissance des
hommes pour leurs bienfaiteurs est allée jusqu'à l'enthousiasme: ils les ont non-seulement
honorés pendant leur vie, mais ils ont encore
consacré des autels à leur mémoire; les divinités du second ordre n'ont pas eu d'autre
origine: celui qui avait consacré sa vie à soi-
gner les plaies et les maladies des malheureux mortels, tous les auteurs d'inventions
utiles à l'espèce humaine, Esculape, Cérès,
Triptolème, Bacchus, Apollon, eurent des
temples chez les anciens.

Aujourd'hui encore les noms des Alexandre,
des César, des Gengiskan, inspirent des sentiments d'horreur et d'effroi, tandis que ceux
des Solon, des Numa, des Titus, des Marc-Au-
rèle, des Antonin, excitent dans tous le cœurs
ceux de l'amour et d'une tendre vénération.

Il est des hommes qui portent l'amour de l'humanité jusqu'à exposer leur vie pour sauver celle de leurs semblables ; les Romains récompensaient ces belles actions par des couronnes civiques, et elles étaient communes chez eux ; nous les récompensons par de l'argent, ce qui les rend beaucoup plus rares, cependant tous les jours nos journaux nous rapportent des traits sublimes de dévouement. Ces traits d'humanité prouvent que dans certains cœurs, simples et droits, le sentiment de la bienveillance peut être porté jusqu'à l'enthousiasme ; il n'est pas un homme qui n'admire de telles actions, il n'est pas un homme qui n'en serait capable, si la fureur de l'amour-propre n'enchaînait souvent les élans du cœur.

L'amour-propre est un sentiment aussi naturel à l'homme que celui de la bienveillance ; mais, dans les ames froides, le premier domine toujours sur le second. Néanmoins l'un et l'autre sont également le fondement de relations que les hommes ont entre eux. L'amour-propre tend directement à la conservation per-

sonnelle, il en résulte que naturellement chaque individu se préfère aux autres, et que s'il
leur prête son secours, c'est pour recevoir le
leur; il en résulte entre les membres d'une
même famille, d'une même tribu, des conven-
tions exprimées ou tacites, en vertu desquelles
ils se servent mutuellement, et souvent au
détriment de ceux qui ne font pas partie de
leur association : c'est ainsi que les juifs
égorgeaient tout ce qui n'était pas juif ;
c'est ainsi qu'il leur était permis de faire
l'usure avec les étrangers, et qu'elle leur
était interdite entre eux; ce qui n'empêcha
pas leurs tribus de s'entr'égorger, et leurs pu-
blicains de s'enrichir aux dépens du peuple.

La bienveillance est un sentiment expansif
qui agrandit l'ame, et nous fait voir un frère
dans tout homme ; l'amour-propre est un
sentiment exclusif qui fait que chaque individu chérit sa patrie, sa famille, et soi-même ;
et souvent encore commence-t-il par lui et fi-
nit-il par la patrie. Cependant il est de vérité
constante, que quand l'amour-propre n'est
pas aveugle, quand il est dirigé par un juge-

ment droit; il est la source de la bienveillance la plus active, parce qu'il nous porte
à faire pour les autres ce que nous voudrions
qu'ils fissent pour nous. Car le précepte qui
dit: Ne fais pas aux autres ce que tu ne voudrais
pas qu'on te fît, est une maxime purement
négative, et qui autorise trop la paresse et l'in-
souciance pour être admise dans le cadre d'une
morale élevée.

Quoi qu'il en soit, c'est parce que l'homme
se préfère aux autres, qu'un Allemand est
Allemand, un Français Français, un Anglais
Anglais, et que chacun d'eux préfère les
hommes de son pays à ceux d'un autre, la
terre natale à une autre terre, enfin c'est l'a-
mour-propre qui a divisé les hommes en plusieurs sociétés, les sociétés en plusieurs can-
tons et en plusieurs ordres. Il en résulte que
si la bienveillance tend à unir tous les hommes, l'amour-propre tend à les subdiviser à
l'infini ; c'est l'amour-propre qui trouble l'u-
nivers, qui arme les peuples contre les peuples, les tyrans contre les tyrans, qui arrose
la terre de sang. C'est la bienveillance qui fait

la paix, c'est elle qui fait naître et cultive les beaux arts, c'est elle qui embellit les cités, désarme l'ambition, et féconde la terre que l'amour-propre avait dévastée et ensanglantée. Ainsi le cœur de l'homme est une énigme dont le mot est bien difficile à trouver.

La religion paraissait être un moyen assuré de réunir pour jamais les peuples entre eux, et de ne faire plus qu'une famille de toute l'espèce humaine. L'abnégation de soi - même et l'amour du prochain sont en effet les préceptes principaux de toute religion ; mais, outre qu'il y a dans l'univers un grand nombre de religions diverses, chacune d'elles se subdivise encore en plusieurs sectes ennemies, en sorte qu'au lieu d'éteindre les querelles suscitées entre les peuples par leur amour - propre, et surtout par celui de leurs rois; elles n'ont été souvent que des prétextes sacrés aux querelles les plus sanglantes et les plus désastreuses. On n'en finirait pas, s'il fallait compter toutes les guerres dont l'intérêt du ciel a paru être la cause, tandis qu'il n'en était que le plus

faux prétexte. Et quand on voit aujourd'hui les
Autrichiens servir les Turcs, contre les Grecs qui
sont chrétiens comme eux; quand on voit les
Russes laisser égorger leurs co-religionnaires
par les mêmes Turcs qui sont leurs ennemis,
on doit penser que la religion n'est qu'une
barrière bien faible contre les passions nées de
l'amour-propre. Elle semble n'avoir fait qu'en-
venimer les haines nationales et les rendre
plus implacables. Cependant au milieu de ces
bouleversements épouvantables produits par
l'amour-propre, nous voyons encore la bienveillance honorée, veiller avec la Providence
universelle à la conservation du monde.

Tout s'explique par la bienveillance, elle
n'est en effet contraire à l'amour - propre
qu'autant que cette passion, au lieu d'être
dirigée par la raison, l'est par la crainte et par
l'égoïsme qui sont l'une et l'autre la passion
des lâches, et attirent sur celui dont elles
règlent la conduite, d'abord le mépris, ensuite
la haine de tous ceux qui le connaissent. Sans
la bienveillance il n'existerait pas une seule
société dans l'univers, pas même celle des

brigands ; ce sentiment tend sans cesse à réunir ce que l'amour-propre et l'intérêt personnel tendent à diviser.

Tout homme qui s'abandonne aux excès d'un amour - propre aveugle, s'attire la haine de ses semblables, et nuisant à la sûreté de la société, il est nécessairement exposé aux effets de cette haine, et à perdre l'assistance dont il a besoin pour sa propre conservation.

Si quelqu'un emporté par cet amour-propre, croyait qu'il peut impunément s'abandonner aux désirs effrénés qui en résultent, et qu'il lui est permis de tout oser pour se satisfaire, il faudrait d'abord que cet homme vît s'il a une armée de quatre cent mille soldats bien affectionnés à son service; encore risquerait-il beaucoup en se déclarant ainsi l'ennemi du genre humain : nous en avons eu, il n'y a pas long - temps, une preuve manifeste dans la correction qu'ont infligée à un ennemi du genre humain, d'autres individus qui l'étaient autant que lui, mais avec plus d'hypocrisie. Que si cet homme n'est qu'un simple particulier, pour peu qu'il sente son intérêt, il verra qu'il a choisi un

20.

très-mauvais parti, et qu'il sera puni infailliblement, soit par les châtiments si sagement
inventés par les hommes contre les ennemis de
la société, soit par la seule crainte de ce châ-
timent, laquelle est elle-même un cruel supplice. Il verra que la vie de ceux qui bravent
les lois est ordinairement la plus misérable.
Il est moralement impossible qu'un méchant
homme ne soit pas reconnu, et dès qu'il est
seulement soupçonné, il doit s'apercevoir qu'il
est l'objet du mépris ou de l'horreur.

Aussi sommes-nous toujours portés à as-
sister nos semblables quand il ne nous en
coûte rien.

Le sauvage le plus barbare revenant du car-
nage, et dégoûtant du sang des ennemis qu'il a
mangés, s'attendrira à la vue des souffrances de
son camarade, et lui donnera tous les secours
qui dépendent de lui. La bienveillance pour
notre espèce est donc née avec nous, et agit toujours en nous, à moins qu'elle ne soit combat-
tue par l'amour-propre. Mais, comme je l'ai déjà
dit, ce dernier sentiment ne l'emporte sur le
premier que dans les cœurs faibles et pusilla-

nimes : rien n'arrête, rien ne suspend l'élan du
brave à l'aspect de son semblable en danger : tous
les jours nous offrent de frappants exemples
de la vive satisfaction qu'éprouve l'homme de
tous les rangs, de toutes les classes, de toutes
les opinions, lorsqu'il a tiré par son courage,
sa force ou son talent, quelqu'un de son espèce d'un péril imminent.

Mais, me dira-t-on, si la bienveillance
est un sentiment commun à tous, pourquoi
la bienfaisance, qui n'est autre chose que
ce sentiment mis en action, est-elle si rare? Je
pourrai répondre à cette question que si nous
ne sommes pas maîtres d'éprouver ou de ne
pas éprouver les sentiments inhérents à notre
organisation, nous le sommes cependant d'agir
ou de ne pas agir d'après ces sentiments; et
qu'en un mot, si nous sommes patients dans
nos sentiments, et comme tels soumis à la nécessité, nous pouvons néanmoins céder ou
résister à l'impulsion de ces sentiments, et
que, sous ce rapport, nous sommes des agents
libres, ou du moins des agents uniquement
soumis à notre volonté.

Une tempête se déclare; les habitants d'une ville maritime voient de loin un navire battu par les vents : tous à cet aspect éprouvent un sentiment de compassion pour ceux qui composent l'équipage de ce bâtiment menacé d'une submersion prochaine ; la plupart cependant restent dans leurs murs spectateurs inactifs de ce désastre prochain ; d'autres plus compatissants accourent sur le rivage, et délibèrent sur les moyens de porter du secours à des malheureux prêts à périr. Mais délibérer n'est pas agir; quelques-uns plus généreux, plus audacieux, se sont emparés d'une grande barque, et tandis que les autres gémissent inutilement sur le sort de l'équipage, ils luttent à force de rame contre les flots irrités; enfin ils en triomphent, et glorieux, ramènent pleins de vie sur la plage ceux que la mer allait engloutir. A cet aspect, tous ceux qui étaient restés dans les murs de la ville accourent sur le rivage et s'empressent avec ceux qui n'y étaient avant eux que pour y délibérer, d'admirer les braves dont le courage a sauvé la vie à plusieurs de leurs semblables.

Dans ces cas extraordinaires, sans doute la bienfaisance est rare, parce qu'elle exige un courage aussi extraordinaire que le cas lui-même, et que si tous les hommes sont bienveillants, très-peu sont assez courageux pour exposer leur propre vie. Celui qui sans hésiter se jette impétueusement dans un danger pour en tirer un autre, réussit presque toujours dans cette sublime tentative ; la nature le seconde, en élevant ses forces au niveau de son courage ; et l'admiration générale qu'il inspire est toujours le prix flatteur qu'il reçoit de la bienveillance de tous.

Mais la question dont il s'agit, peut-elle être bien justement proposée ; ou la bienfaisance est-elle si rare que semblent le croire ceux qui la proposent ? Non, sans doute, puisque la société n'est fondée que sur un échange continuel de services mutuels. N'est-ce pas pour nourrir sa famille que le cultivateur laboure et ensemence son champ ? n'est-ce pas aussi pour distribuer à ses semblables la partie du grain qui excèdera sa consommation ? N'est-ce pas pour défendre un jour les droits de ses

concitoyens que le jeune homme passe la plus
belle partie de sa vie, à l'étude fastidieuse de
la jurisprudence? N'est-ce pas pour soulager
les infortunés qu'un autre, le scalpel à la main,
dissèque le corps de son semblable, cherche
à connaître les diverses parties de son organisation? Mais, me dira-t-on, ces hommes aussi
reçoivent, l'un le prix de son grain, les autres la récompense de leurs soins. Eh! sans
doute, et voilà comment, dans les circonstances communes, la société est fondée sur
un échange continuel de services récipro-
ques, et sur l'accord de la bienveillance et de
l'amour-propre.

La bienveillance, ou pour mieux m'exprimer, l'amour de l'humanité porté jusqu'au
degré de la passion, constitue ces nobles et
grands caractères qui feront dans tous les
temps l'admiration de l'univers. Quand ce
sentiment a un degré d'énergie morale et physique qui élève un homme au-dessus de lui-
même, il lui fait braver tous les dangers qui
l'environnent, et lui donne la force d'en triompher. C'est ainsi que dans ces grandes épi-

démies qui attaquent quelquefois des villes entières, on voit la plupart de ceux qui se dévouent généreusement aux secours des malades, qui leur prodiguent leurs soins, sortir sains et vivants du milieu de cette destruction d'une population entière. Chez ces êtres généreux, que nul danger n'effraie, l'ame a sur le physique un empire si absolu, que les miasmes pestilentiels qui les pénètrent sont, pour ainsi dire, aussitôt expulsés qu'absorbés par la rapidité de la circulation, suite nécessaire du courage qui anime leurs grands cœurs. S'ils succombent, c'est toujours avec cette résignation sublime qu'inspire toujours la conscience du bien qu'on fait; s'ils sortent vainqueurs de ce gouffre pestilentiel, c'est toujours avec ce contentement de soi-même qui se passe de l'applaudissement et des éloges, mais qui donne aux mouvements vitaux une énergie constante et régulière, présage assuré d'une vie longue et heureuse.

Il est néanmoins certaines circonstances dans le monde social, où l'ordre de la nature se trouve tellement dérangé et même interverti

par les intérêts de caste, que celui qui se
consacre à ceux de la société en général périt
jeune victime de son noble dévouement. L'histoire ancienne en offre de nombreux exemples,
et peut-on en présenter un plus frappant que
la mort prématurée d'un noble général, et d'un
orateur patriote, défenseur intrépide des droits
de ses commettants. L'anévrisme qui le con-
duisit au tombeau fut l'effet d'une circulation
trop rapide, excitée par l'opposition opiniâtre
et injuste des imperturbables ennemis de la
noble cause qu'il défendait. Ainsi si parfois les
élans généreux d'un noble citoyen triomphent
des éléments, ils succombent plus souvent encore sous les passions de ceux qui les contrarient.

La bienveillance est l'ame du monde, elle
conserve les hommes, et les obligeant à se
protéger mutuellement dans les circonstances
même les plus difficiles, elle agrandit le cœur,
élève l'esprit, et produit toutes les nobles
passions et toutes les vertus; l'amour de la
patrie n'est qu'une transformation de ce sentiment commun à toute l'espèce humaine en

un autre qui, renfermé dans des bornes plus étroites, n'en a pris que plus de force et d'énergie.

Voyez ces cent mille soldats dociles aux ordres d'un seul chef : ils combattent à l'envi pour la même cause, et sont d'autant plus vaillants qu'ils sont tous nés dans la même patrie ; car tel est le funeste résultat de l'amour personnel, qu'entre des corps de divers pays, ce dernier sentiment fait toujours perdre au premier une grande partie de son énergie : voilà pourquoi des nations alliées ne marchant jamais d'accord dans les combats, perdent souvent une bataille dans laquelle une seule d'elles aurait infailliblement triomphé.

Quels déchirements cruels n'éprouvent pas les nations les plus éloignées, les plus étrangères les unes aux autres, à la nouvelle d'une terrible catastrophe qui a fait succomber l'une d'elles, ou sous le glaive d'un tyran, ou dans une des grandes révolutions de la nature !

CHAPITRE XXII.

De la Prévoyance.

La bienveillance et la prévoyance sont les deux sentiments caractéristiques de l'homme, ils se perfectionnent ou se détériorent par l'habitude et par l'éducation; mais ils nous sont donnés par la nature, et sont les phénomènes qui manifestent notre intelligence et notre raison. La bienveillance a donné naissance à la société, et à toutes les relations d'homme à homme, de peuple à peuple, de nation à nation, et à toutes les passions généreuses qui ont illustré l'histoire du genre humain. La prévoyance a consolidé les liens formés par la bienveillance, elle a fait naître tous les arts, toutes les industries. On peut

aussi la considérer comme la source d'où est
découlé à la fois tout ce qui constitue la grandeur du genre humain aussi bien que tout ce
qui a fait la bassesse et l'atrocité d'un grand
nombre d'hommes, dont les noms sont passés
à la postérité couverts de honte, et du mépris de
leurs semblables. Ce qui surtout est bien digne
de remarque pour le philosophe observateur,
c'est que de ces deux sentiments qui dis-
tinguent essentiellement l'espèce humaine,
l'un l'élève au-dessus des autres, l'autre l'en
rend la maîtresse, ou plutôt la donnatrice,
et souvent la rend plus cruelle que les tigres,
plus rusée que les renards, plus ignoble que
les reptiles les plus ignobles, enfin la ravale
au-dessous des espèces auxquelles elle com-
mande, comme on voit souvent des tyrans
plus vils que les derniers de leurs sujets. Quand
j'ai cherché les raisons de cette singulière
différence entre les effets de deux passions,
essentiellement caractéristiques de notre espèce, effets si opposés dans un grand nombre de
circonstances, que la plupart du temps, les
impulsions produites par l'une sont com-

battues par celles de l'autre, et que l'une ne triomphe jamais dans cette tumultueuse contradiction, sans qu'il en résulte pour celui chez lequel elle a eu lieu, ou un grand contentement ou une grande peine; heureusement je me suis aperçu que la bienveillance, noble source de toutes les vertus, coulait naturellement du cœur humain, tandis que la prévoyance, que nous regardons ici comme le mobile de tous les arts et de toutes les industries, tire son origine du système cérébral, ou, si on l'aime mieux, de l'intelligence.

Ainsi je considère la bienveillance comme le principe d'où naissent toutes les passions affectueuses, et la prévoyance comme celui d'où naissent toutes les passions personnelles.

L'une produit toutes les impulsions qui déterminent l'amour de la patrie, la pitié, la reconnaissance, l'amour maternel, l'amour paternel, l'amour filial, sentiments qui sont la base de la société; l'autre produit l'amour-propre, l'orgueil, l'ambition, l'avarice, la colère, la *haine*, l'amour de la gloire, l'émulation, l'envie, le ressentiment, la vengeance, l'intempérance, la joie, la tristesse, et toutes les actions qui résultent de ces innombrables passions qui sont tour-à-tour la honte et l'honneur du genre humain.

Si l'homme était, comme les brutes, borné à vivre dans le présent, ses besoins satisfaits, il se livrerait comme eux au repos ; mais les privations du passé l'instruisent de celles qu'il doit redouter dans l'avenir. Le cheval broute l'herbe qu'il trouve sous ses pas, sans s'inquiéter si cet aliment que lui présente la nature, lui sera encore présenté le lendemain par cette mère indulgente, il laisse à d'autres chevaux partager en paix le bien dont il jouit ; mais l'homme instigué par le besoin présent, et sous ce rapport plus malheureux que l'animal soumis à sa domination, et dont il se croit le roi, ne satisfait jamais ce besoin momentané sans songer à ceux du lendemain. Dans les contrées où la pêche et la chasse fournissent abondamment aux sauvages les aliments et les vêtements dont ils ont besoin, la prévoyance n'est pas très-grande : on les voit souvent abattre l'arbre pour en manger les fruits. Aussi leurs passions sont-elles bien moins nombreuses que celles des peuples civilisés, chez lesquels cette prévoyance s'étend de la vie de l'homme jusqu'à sa postérité, et même jusque dans l'éternité; il prévoit pour la vie corporelle et même pour la vie spirituelle, et c'est cette prévoyance qui a donné naissance, je ne dis pas à la religion qui me paraît être le fruit de l'intelligence de l'homme, mais aux superstitions qui sont nées de sa crédulité et de ses craintes.

La prévoyance de l'homme s'est accrue avec les arts et les sciences auxquels elle a donné naissance, c'est aussi sur cette prévoyance qu'est fondé le droit de propriété : aussi, comme le pense Rousseau, le premier qui ayant enclos un terrain, dit, Ceci est à moi, fut-il le véritable fondateur des sociétés civilisées, telles qu'elles existent aujourd'hui : mais celles qui ne sont composées que de peuples nomades, ont pour principe la bienveillance qui rapproche les hommes, et le besoin qu'ils ont du secours

les uns des autres; leur prévoyance n'est pas
grande, rarement ils font des provisions pour
long-temps, et comment les conserveraient-ils
dans leurs huttes et sous leurs misérables tentes?
Les uns tirent de la chasse, ou de la pêche, les
autres de leurs troupeaux, leurs vêtements et
leurs aliments; leurs arcs et leurs flèches sont
leurs seules richesses; leurs habitations, ils
les comptent pour peu de chose, partout ils
trouvent de quoi s'en construire de nouvelles;
les vêtements qui les couvrent sont aussi peu
considérés de leur part. Ils n'ajoutent donc un
grand prix qu'à leurs armes, qui les rendent
vainqueurs des animaux et capables de soutenir les guerres d'extermination qu'ils sont obligés de livrer quelquefois à leurs voisins; et ces
guerres sont d'autant plus fréquentes entre ces
peuplades, que, n'ayant point divisé entre elles
les terrains qu'elles occupent, elles ont souvent
pour prétexte une pêche et une chasse, ou le
passage des troupeaux sur le terrain que l'une
d'elles est venue occuper la veille, et qu'elle
croit avoir le droit de s'approprier, quoiqu'elle
se propose de le quitter le lendemain; comme

si l'homme avait d'autres droits sur la terre, que celui qui résulte du travail par lequel il a su l'améliorer, soit en cultivant sa surface, soit en descendant jusque dans les profondeurs de ses entrailles.

Nous avons indiqué les deux principes de l'activité de l'homme sur la terre : l'un est la bienveillance, source de ses plus nobles actions ; l'autre est la prévoyance, qui anime ses facultés intellectuelles, excite ses mouvements corporels et lui fait commettre quelquefois d'horribles crimes.

Nous terminons ici cet ouvrage, dans lequel sans prétendre établir un systême, nous avons seulement voulu présenter quelques observations, et indiquer les deux sources des passions humaines.

FIN DU DERNIER VOLUME.

ERRATA DU PREMIER VOLUME.

Pag. lig.	Au lieu de		Lisez
24 8	physiciens.	—	physicien.
101 16	annullante.	—	annulaire.
103 8	exclusivement l'instinct.	—	exclusivement à l'instinct.
120 2	incoexcible.	—	incoercible.
156 2	incident.	—	accident.
159 11	tranmatique.	—	traumatique.

ERRATA DU SECOND VOLUME.

Pag. lig.	Au lieu de		Lisez
46 21	véneuses.	—	vénéneuses.
129 22	dissimilation.	—	disassimilation.
139 5	nous avons.	—	nous en avons.
151 3	est la membrane.	—	est dans la membrane.
198 15	l'ensemble à des.	—	à l'ensemble des.
202 4	substances.	—	sentiments.
251 11	approchent plus.	—	approchent le plus.
278 16	distingue et notre.	—	distingue notre.

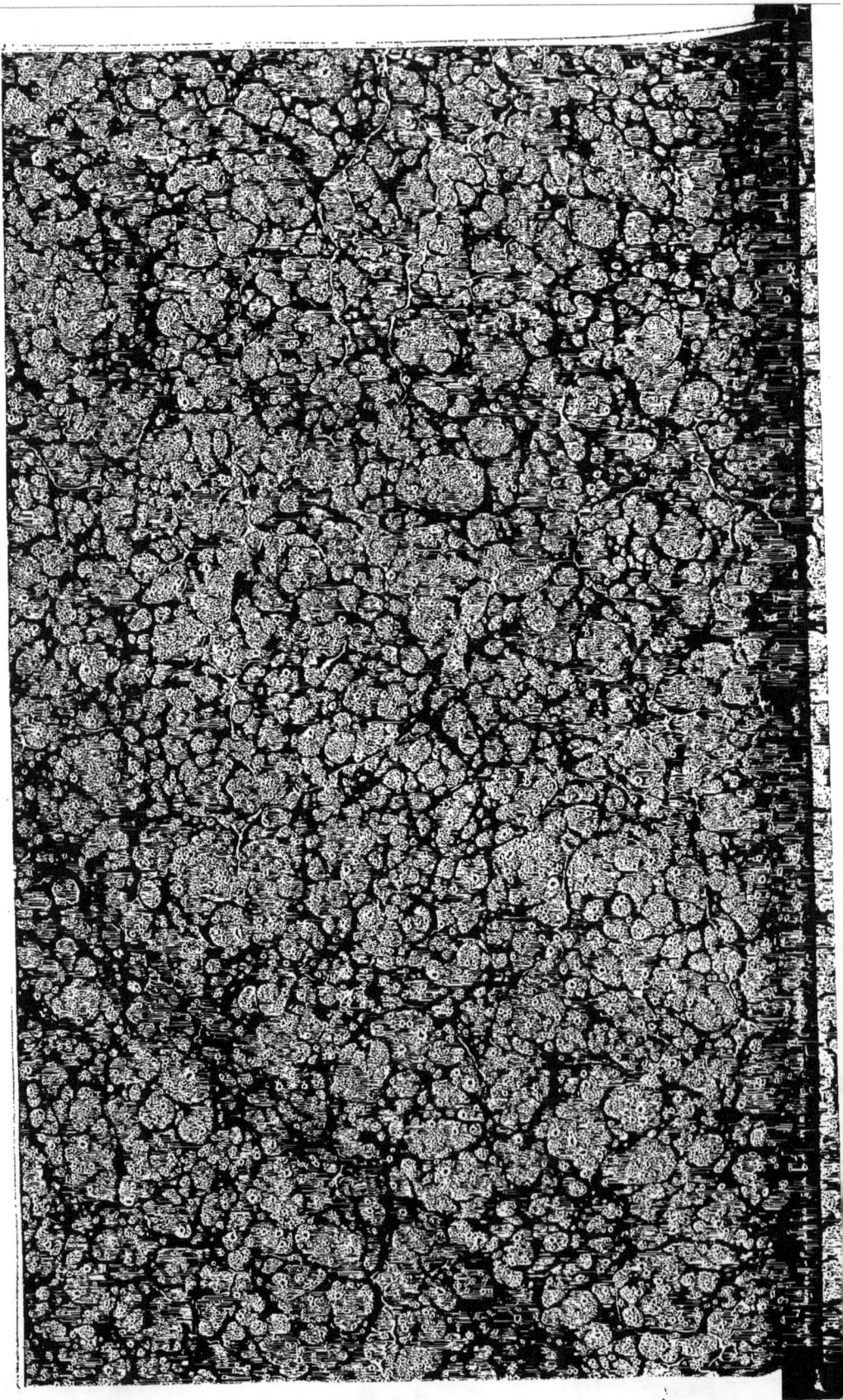

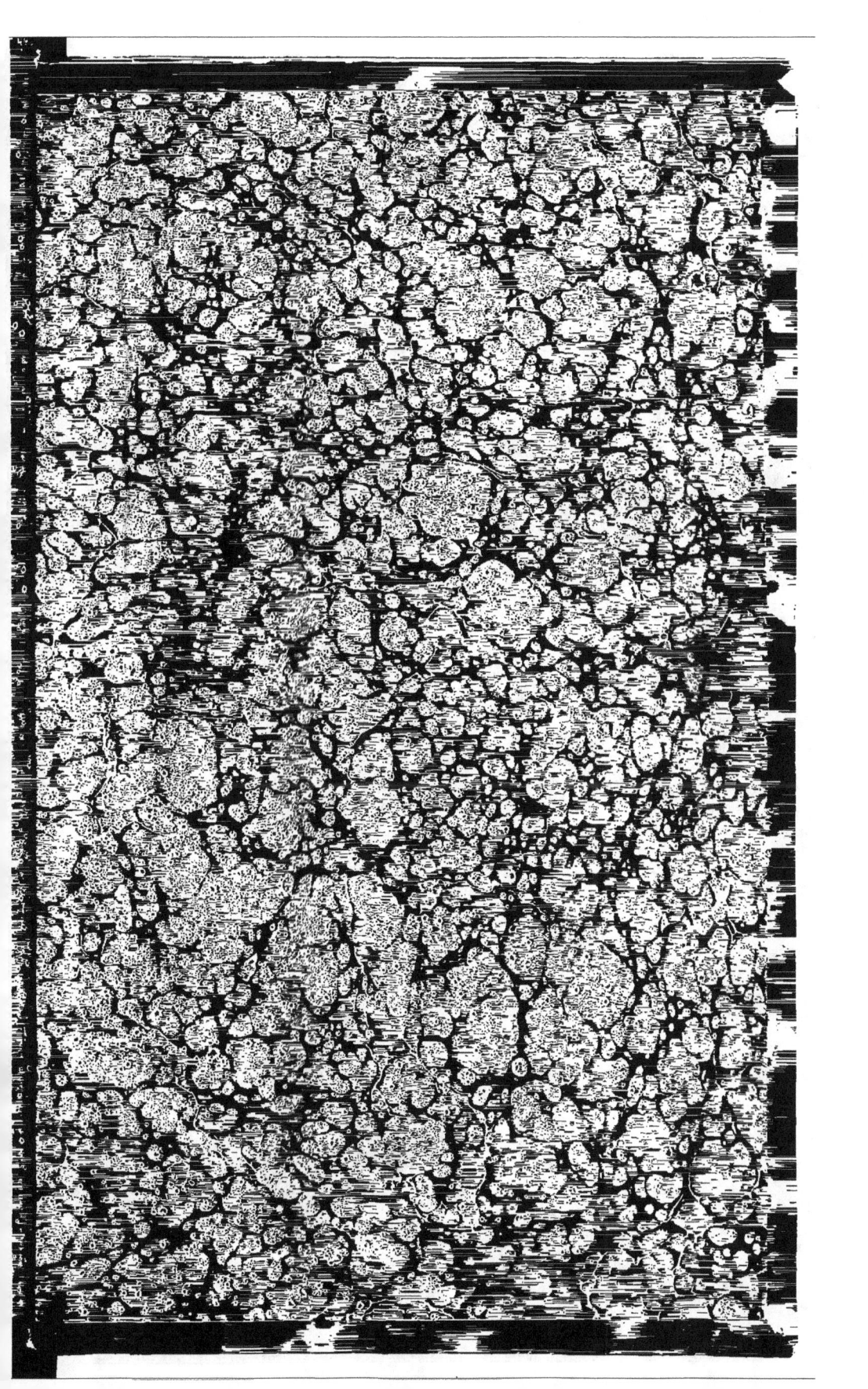